经典科学系列

可怕的科学
HORRIBLE SCIENCE

触电惊魂
SHOCKING ELECTRICITY

[英] 尼克·阿诺德 原著 [英] 托尼·德·索雷斯 绘 韩庆九 译

北京出版集团
北京少年儿童出版社

著作权合同登记号
图字:01-2009-4332

图书在版编目(CIP)数据

触电惊魂 /（英）阿诺德（Arnold，N.）原著；（英）索雷斯（Saulles，T. D.）绘；韩庆九译．—2 版．—北京：北京少年儿童出版社，2010. 1
（可怕的科学·经典科学系列）
ISBN 978-7-5301-2362-1

Ⅰ.①触… Ⅱ.①阿… ②索… ③韩… Ⅲ.①电—少年读物 Ⅳ.①0441. 1-49

中国版本图书馆 CIP 数据核字(2009)第 183423 号

可怕的科学·经典科学系列
触电惊魂
CHUDIAN JINGHUN
[英] 尼克·阿诺德 原著
[英] 托尼·德·索雷斯 绘
韩庆九 译
*
北京出版集团
北京少年儿童出版社 出版
（北京北三环中路6号）
邮政编码:100120
网 址：www . bph . com . cn
北京少年儿童出版社发行
新华书店经销
北京雁林吉兆印刷有限公司印刷
*
787 毫米×1092 毫米 16 开本 10. 5 印张 50 千字
2010 年 1 月第 2 版 2023 年 1 月第 61 次印刷
ISBN 978－7－5301－2362－1/N·150
定价：22. 00 元
如有印装质量问题，由本社负责调换
质量监督电话：010－58572171

介绍 …… 1
惊人的电“能” …… 4
骇人听闻的电秘密 …… 10
惊人的发现 …… 25
令人惊悚的静电 …… 32
致命的闪电 …… 54
恐怖的电疗法 …… 77
鼓鼓囊囊的电池 …… 93
神秘的磁力 …… 107
超强的电动机 …… 124
妙不可言的电器 …… 143
尾声——超乎想象的未来 …… 152

疯狂测试 …… 157

介绍

又一天结束了。

要知道，科学是乏味的，特别是关于电的科学，简直就是骇人听闻的乏味。所以就算是长着两只触角的“异形”，很可能也烦透了。

来自
飞碟乘员“神吹”的报道

宇宙时间： 现在。

任务： 观察在一个叫作“地球”的星球上的人类的行为。

年轻人类

星系坐标：

0001．1100．0011100．0

成年人类

背景： 成年人类在一个叫作“科学课”的集会上，向年轻人类（或称为“儿童”）传授各种科学知识。实验表明，儿童会忘掉99%的数据，这可以通过他们针对成年人的幼稚的逆反行为表现出来。

当前活动： “科学课”是在一个被叫作“学校”的原始掩蔽物中进行。

报告结论： 师生间交流的彻底中断是科学课的普遍特征。

你的科学课也这么糟糕吗？学习关于电的知识会吓得你哆嗦吗？如果已往上科学课对你来说是受罪的话，读读这本书可能会改变你的生活。这本书中不仅有关于电的惊心动魄的纪实，还有许多触目惊心的故事，包括：遭闪电袭击的科学家，给血淋淋的心脏做电击的外科医生，用杀人来赢得争论的科学家。有了可怕的科学，谁还会需要乏味的科学呢？

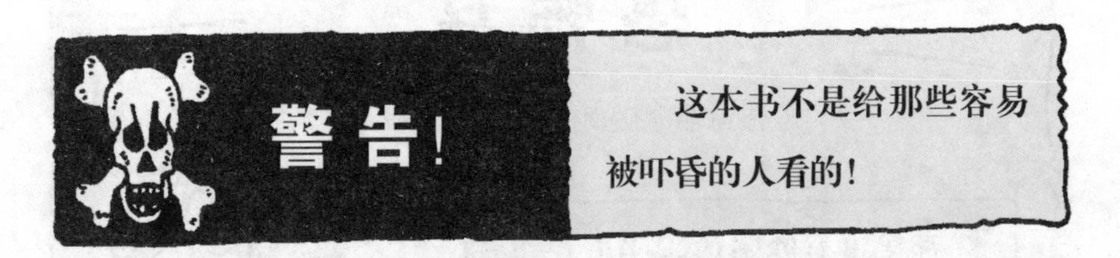

那么，你还等什么？还不插上电，赶快翻到下一页。

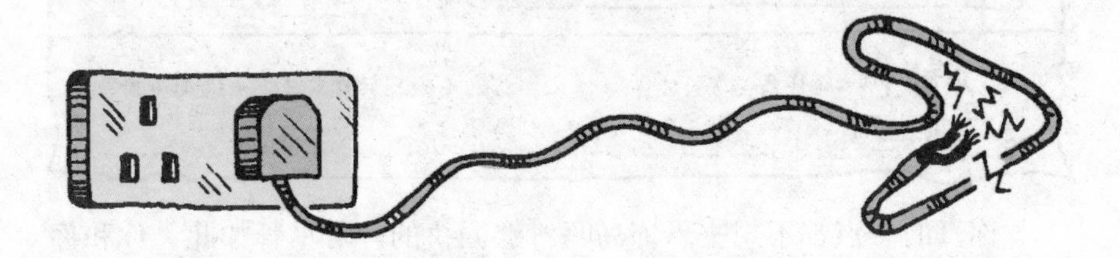

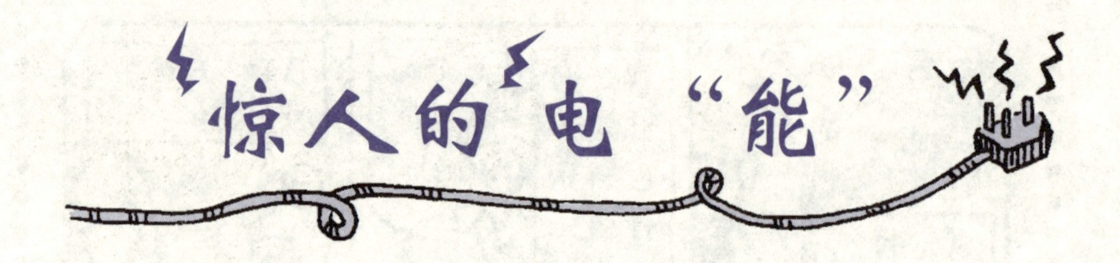

这本书保证不缺电。这大概是因为它不像烤面包机、电视机、电风扇和电冰箱那样需要用电。不过，如果我们没有电会怎么样呢？好了，下面是一个恐怖的科学假期，看看究竟发生了什么。

你真的一点都不想去恐怖岛吗？够固执的。可尽管如此，你和你们班的同学还是不得不去那里旅行度假。

亲爱的海岸救援队：

请把我们从可怕的恐怖岛救出来吧！这个岛没有电，也就没有电热器。这里天气太冷，我们快冻僵了，大家不得不轮流用岛上的猫取暖。食物供应已经中断了，我们已经开始吃猫食。可连猫食都无法加热。

因为没有电。我们唯一的照明是一支臭烘烘的蜡烛，因为电灯也是需要电的。最无聊的是没有电视机，没有录像机，没有电子游戏机，没有CD机。你当然知道，它们都需要电！我们的老师，火花先生，给我们布置了做不完的作业。他说，作为奖励，我们可以免费欣赏他用他的破口琴演奏的刺耳的音乐。您想，我们能笑得出来吗？我们都快哭了。所以，求求你们。在我们没死之前，快来救我们吧！

爱你们的5e班

于超级恐怖的恐怖岛

连猫也需要吃新鲜的鱼！

没有电的生活，就像用牙刷清洁厕所一样有趣。而你对电这种重要的能源实际上又了解多少呢？你听过下面这些事吗？

关于电的四个惊人的事实

1. 你放屁都可以发电。这是真的！通过燃烧屁里面的沼气，你可以获得热量，从而推动发电机发电。腐烂的垃圾也会产生沼气。在美国，有100座电站是利用燃烧垃圾来发电的。

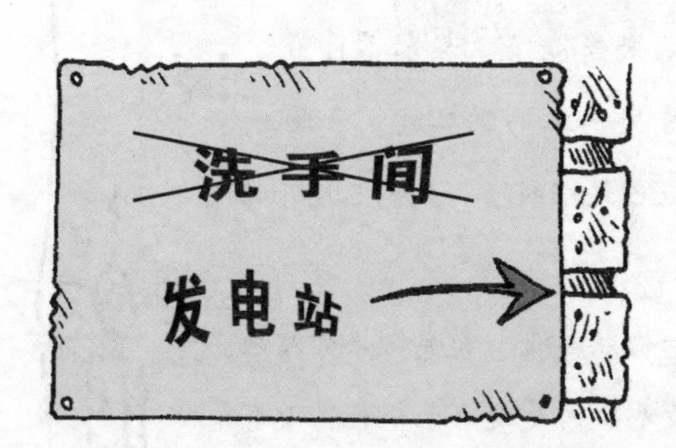

2. 闪电是巨大的电火花（请注意看第54页的惊人事件）。一个可以躲避闪电的安全的地方是在金属物的里面，比如在汽车里。闪电通过金属车壳把电导走，但是车里的空气不导电。所以，只要你不接触金属，你就是安全的。这要比躲在露天的厕所里安全多了。

3. 有的时候，如果发电厂输出过多的电能，电能有可能“泛滥”。（想象一下巨大的电浪在你家的插座里汹涌。）1990年，电能的泛滥袭击了英国皮托辛顿村的居民，烧毁了他们的电炉和电视机。

4. 历史上最大的一次断电发生在1965年，地点是美国东北部和加拿大的安大略省。3000万人陷入黑暗中，所幸的是只有两人在停电造成的混乱中丧生。

现在，你可以用下面的问题测测自己关于电的知识增加了多少，保证能提高你的兴趣。

让你发抖的测验

1. 下面的哪些东西在工作时，不需要用电？

a）马桶。

b）电话。

c）收音机。

2. 为什么遭电击的受害者会被抛出去？（可别拿家里的宠物和虚弱的老教师做实验！）

a）电的力量把他们从地上举起来。

b）电流经过神经，引起肌肉强烈地抽搐，使受害者跳起。

c）电力与地球引力相反，使人体在短时间内失去了重量。

3. 在一次暴风雨中，你的老师遭到雷电袭击。为什么当时在那个地方会很危险？

a）你不得不给你的老师做人工呼吸。

b）那个地方由于下雨而很潮湿。雷电中的电流能够沿着潮湿的地面传导，给你重重一击。

c）热的雷电会使那个地方水洼里的水变成危险的炽热的蒸汽。

答案

1. a）。即使收音机不是用房间里的电，它也要用电池里的电。当你用电话和朋友聊天时，听筒将你的声音变成电信号，传到你朋友的电话里，在那里再变成声音。清楚了吗？马桶不需要用电。但是你可能有兴趣知道，在1966年，发明家托马斯·J.贝阿德设计了一个电动的摇晃马桶椅。他的想法是，通过马桶连续地摇晃可以防止便秘。遗憾的是，人们对这个想法嗤之以鼻，所以马桶也没卖出去。

2. b）。这很容易理解。人受到别的东西打击之后，常常被推到一个安全距离。另外，对肌肉和神经进行电击的后果是令你小便失禁，弄得你的内裤臭烘烘的。

3. b）。电可以通过水传导，所以把电器设备放在水的旁边（除非是特殊设计的）是非常蠢的，更不用提用湿漉漉的手去摸插座和开关了。

严重的安全警告

电线里的电是**极度危险的**。你可以做一些本书中的实验，但是不要用电源插座里的电。**如果你是活蹦乱跳的，而且你还想活蹦乱跳的话，就记住：离电线远点儿**！（如果你想了解当他人遭到电击时你应该如何去做，请看第84页。）

在你开始做那些实验之前，我来问你一个重要而有趣的问题：电到底是什么？如果你还不清楚的话，请继续读下去，答案就在下一章。

骇人听闻的电秘密

电是由什么组成的？知道的请举手。

啊？
呃？
唔？
我，我，我！

艺术老师　　英语老师　　历史老师　　科学老师

看起来，科学老师火花先生知道答案。

好的，谢谢你，火花先生。有人听懂了吗？没有人？让我们看看吧。宇宙中的一切都是由微小的原子组成的，原子周围环绕着更微小的能量光点，我们叫它电子。

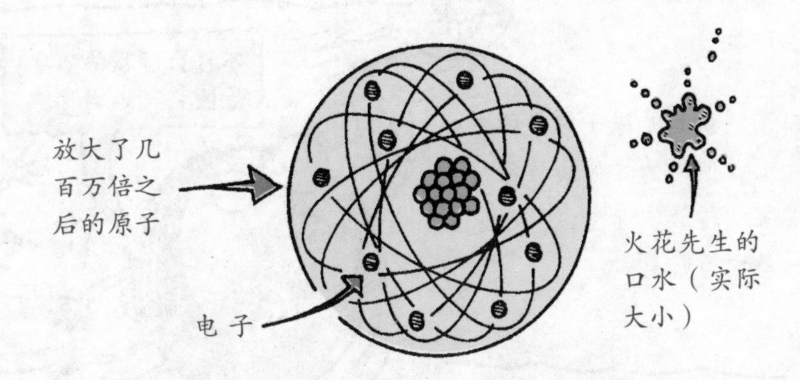

在电源插座里的电是由移动的电子组成的，电能就来自电子释放出来的能量。

让我们把原子想象为一个家庭。

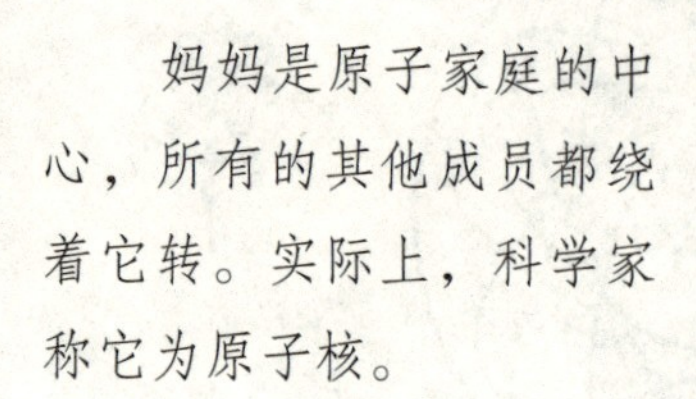

妈妈是原子家庭的中心，所有的其他成员都绕着它转。实际上，科学家称它为原子核。

电子宝宝围着妈妈“嗖嗖”地飞转。

每个电子不时地释放出它的能量，形成电能。

科学便条

实际上，原子核也释放出电能。这两种能量你可以在第22页更详细地了解到。

一个数字游戏

▶ 你有手电吗？太好了，把它打开，然后开始数1，2，3……

▶ 一只手电筒的灯泡所发出的微弱的光每秒要用掉6 280 000 000 000 000 000个电子。给你举个例子，让你知道这个数字有多大。

▶ 你每天上课23 400秒，你要是不相信，就去数数。为了数到100万，你需要不停顿地再数上10天。

▶ 你要连续数上32年354天（连吃饭、睡觉和上厕所都不停

止），你终于数到了10亿（如果你还没被烦死的话）。

▶ 还不能闭上你的嘴。因为即使是用这样的速度，为了清点你的手电在仅仅1秒钟内使用的电子数，你需要在46亿年前就开始数了，而那个时候地球还没诞生呢！

给读者的便条

我们所说的电流，实际上是在电线中流动的电子的河流。你想象过没有，在里面游泳会是什么样子的？我们讲一个刚刚经历过这件事的人的故事，他是个临时工，名叫安迪·曼。好名字是吗？安迪有了一种不断缩小的感觉，自己变得越来越小，故事就这么开始了。

这是一个非常小，非常小，非常小的世界

我来讲讲我的故事。先自我介绍一下，我叫安迪·曼，好名字是别人给取的，手巧却是天生的！

安迪·曼擅长杂务、修理、探测、电器维修、砖石工程。

您需要一个手巧的人吗？我安迪就对了，任何工作都可以干。

电话：01201　5843673　移动电话：09123　87690

任何时候你都可以打电话给我，只是别在电视里正播放飞镖比赛的时候。我来告诉你是怎么回事。那次我是去布佐芙教授家里干活。我们谈好了只是做一点儿清洁工作，她家的一个马桶的管子堵了，我们管这叫卫生设施维修工程。所以，你可以想象当教授让我穿上这件防护服时我有多惊讶。"好吧！"我还是穿上了，我想这个厕所可能奇臭无比，反正马桶是个讨厌的家伙，干我们这行的都这么说。

我犯了个原则性的错误。安迪·曼来的时候，我以为他是曼宁博士。曼宁博士是位科学家，自愿帮我测试一下我最近发明的缩小射线。

教授叫我曼宁博士，这是怎么回事？她叫我站到这台机器的下面。这看起来并不像一个马桶！我正想说，机器的线路看起来不安全，她是不是想修一下。这时，她推动了一个控制杆。然后，她越变越大，房子也越变越大。不，等等，是我在变小！

我知道我的名片上写着，没有什么工作是小事，但是这个工作看起来，真是有点儿太小了！我不断地在缩小，直到我钻到了一根电线里。我问自己："我到电线里了吗？"

缩小机的计量单元发生了故障。在我试图取消这个射线的时候，安迪已经被缩到了0.000000025毫米，和一个原子一样小了。更糟的是，他消失在机器里面了。很显然，情况变得有些危险了。

是有点危险。我最先看到的是这些怪异的球，天啊！它们是原子！围绕着原子的是许多飞速转动的小光点，它们转得那么快，简直像一团模糊的雾气。教授后来告诉我，那是电子。电线看起来像一个大隧道，原子在两侧，电子像一条河似的流过。电子像橡皮豌豆似的，我被它们冲走了，不得不拼命地游泳。你问我害怕吗？当然了，我都湿透了。我在想，怎么才能从电流中逃出去呢？

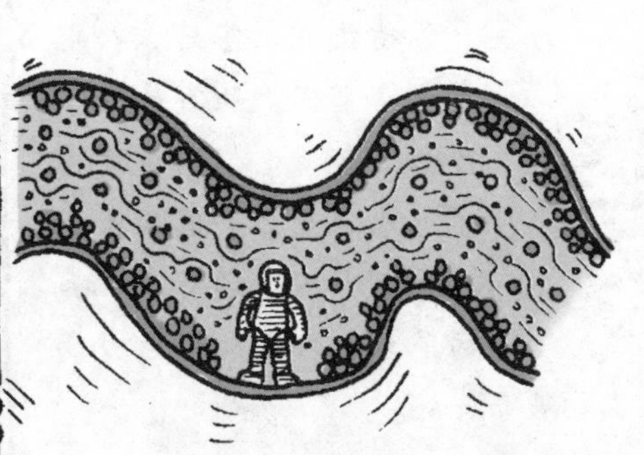

我是个熟练的电工（所有的工作对我来说都是这样），我知道电流由电子组成，向一个方向流。幸亏，电子的流动速度并不快，否则我早就被淹死了……

这个有趣的现象证明，在电流中的电子移动缓慢，每秒钟大约移动0.1毫米。这个时候，我试着重新启动缩小射线，将安迪重新变大。为了能看得清楚些，我打开了电灯。

猜猜发生了什么？电线变得窄了。所有的电子挤在一起，它们的速度慢了下来，开始摩擦两旁的原子，当然，还有我！真的很热！我感受到巨大的阻力。摩擦生热，就像你搓自己的双手一样。

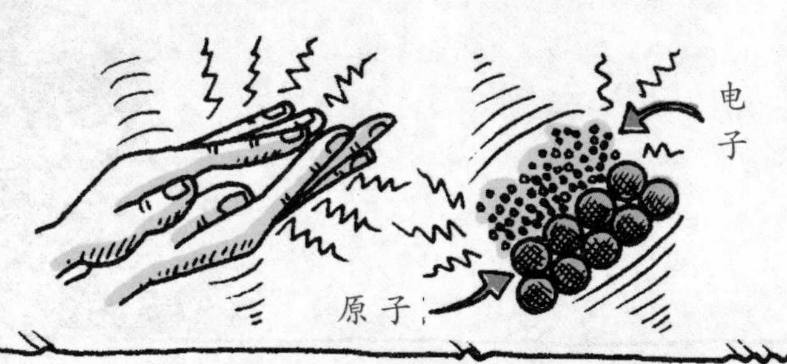

一点点的光开始飞过来，并且击中了我。我就在灯泡里面！就是教授刚才打开的那只灯泡。不过，我倒不觉得特别亮。

当然，我并不知道安迪在灯泡里面。科学家称安迪描述的阻力为“电阻”，他看到的光点，科学家叫作“光子”。电子在试图减速的时候释放出光子。那一定是个美妙的科学体验。

放大了几百万倍的光子。

确实是美妙！但我可不想立即死去。我的防护服都快化了，我的意思是我推测自己也快熔化了。我快被煮熟了，汗如雨下。我对自己说：“就这样了，安迪，你再也看不了飞镖决赛了！”就在此刻，我的移动电话响了。我哪儿还有心思聊天呀，可我还是接了电话。也许是想向某些人道别吧。

丁零！

我看到了安迪的名片，上面有他的移动电话号码。于是我拨通了他的电话。我吃惊地发现，他在灯泡里，我马上把灯关了。电子流停止流动，灯也就灭了。

真是千钧一发，来得太及时了！电线开始凉下来了。可我还没有脱离困境，没能从电线里出来。我不知道教授想怎样把我弄出来。也许，我会这么小地过一辈子。我怎么生活呢？我甚至不能到外面去，一只蚂蚁都能把我踩扁。

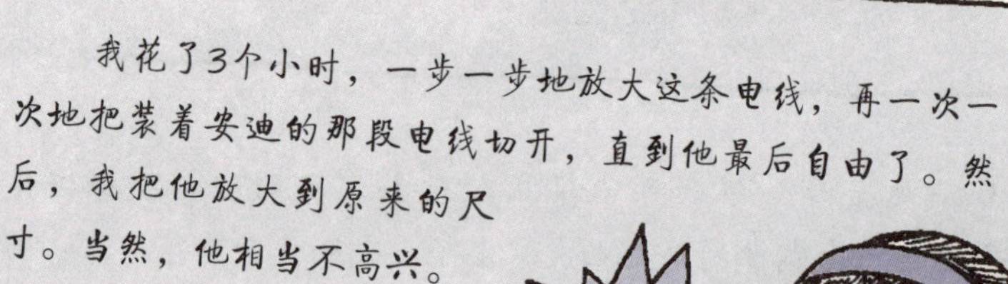

我花了3个小时，一步一步地放大这条电线，再一次一次地把装着安迪的那段电线切开，直到他最后自由了。然后，我把他放大到原来的尺寸。当然，他相当不高兴。

不高兴？我简直是愤怒！她先是把我放进灯泡，几乎把我煮熟了。然后，又把我放大回原来的个子，一点儿都不差。不是1米88，我一直希望是1米88的。

猜猜后来又怎么样？她居然不让我修那个堵着的马桶，真的把我气疯了！等着瞧我给她的账单吧——数目决不会小！我敢打赌，到那个时候，她就该想把自己变小了。

快速便条

好消息！我们把火花先生关进文具橱里了，所以没有测验了。

万一他跑出来，这是一张作弊用的字条，上面写着所有的答案。

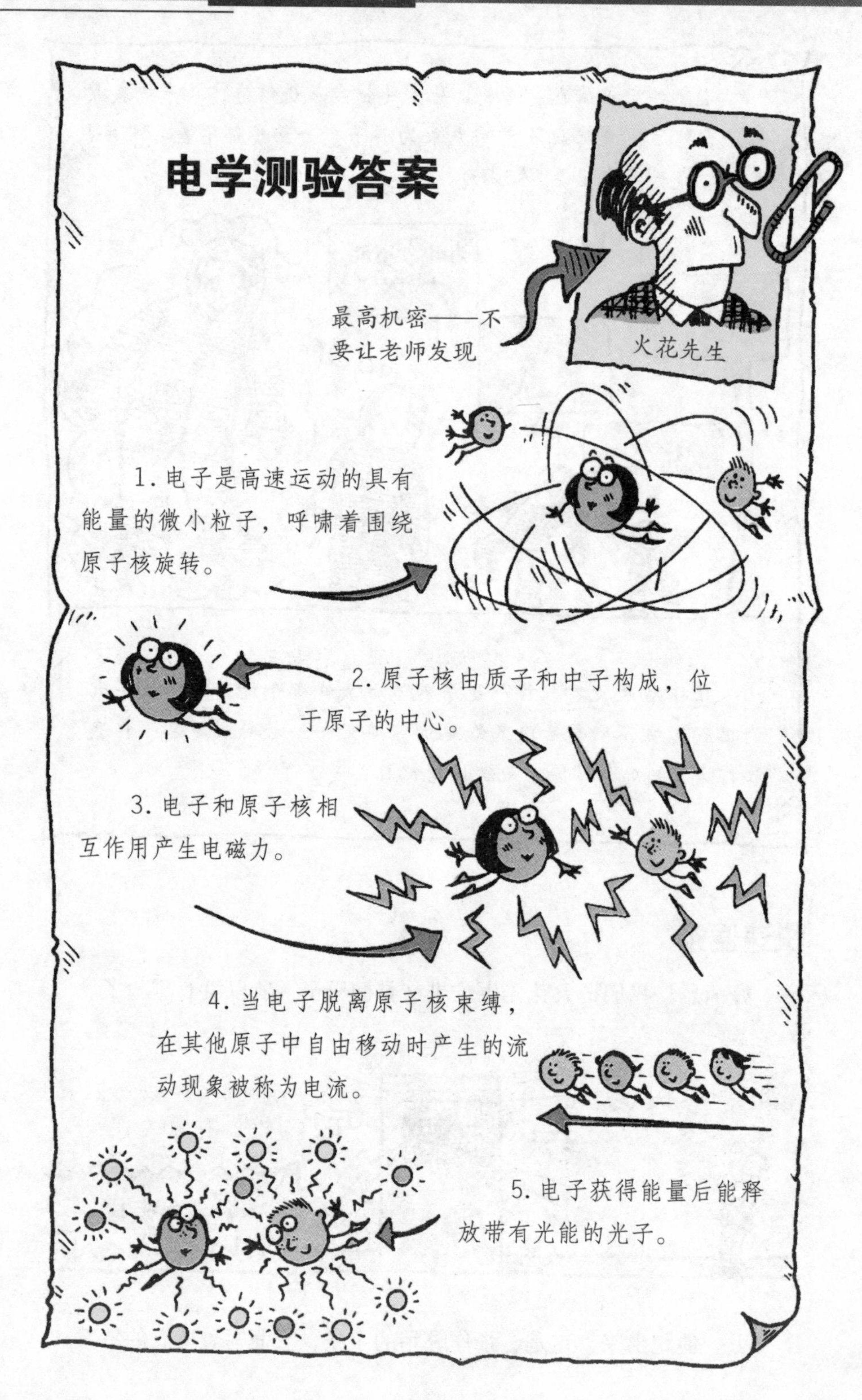
电学测验答案
最高机密——不要让老师发现
火花先生
1. 电子是高速运动的具有能量的微小粒子，呼啸着围绕原子核旋转。
2. 原子核由质子和中子构成，位于原子的中心。
3. 电子和原子核相互作用产生电磁力。
4. 当电子脱离原子核束缚，在其他原子中自由移动时产生的流动现象被称为电流。
5. 电子获得能量后能释放带有光能的光子。

6．电阻是指导体对电流的阻碍作用。定向移动的电子在形成电流过程中，也会受到电子间、电子与原子核的碰撞以及电子热运动影响，而阻碍电子的定向流动，这样宏观上就形成了电阻。电阻还可以用在特殊的电线里面产生热，如加热电水壶里的水，为吹风机和电热器提供热量。

水烧开了吗？

我们正在拼命提高电水壶里的电阻。

可怕的表述

你会怎样回答呢？

注释：在英文中，“导体”和“指挥”的拼写都是Conductor。

答案

导体是能让电流通过的物质。金属是良导体，因为金属的许多外围电子不受原子的束缚，可以自由地流动。所以电线通常是由铜制成的。

现在，你可能脱口而出想问个问题。我不能确定你想问什么，也许你只是想问上课时能不能出去撒尿。当然，你的问题也可能是：

为什么不看看下一章，自己找出答案呢？

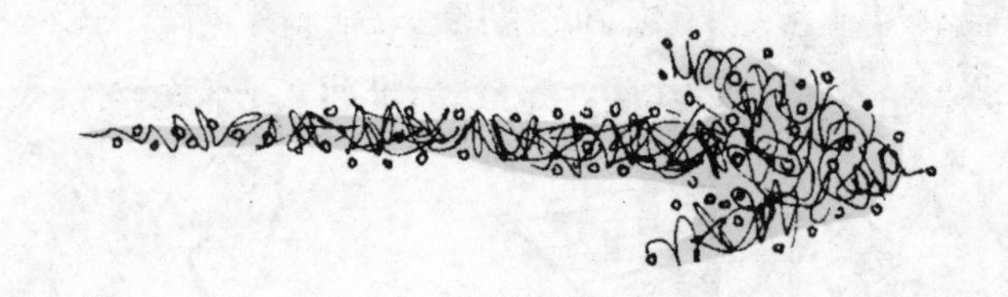

惊人的发现

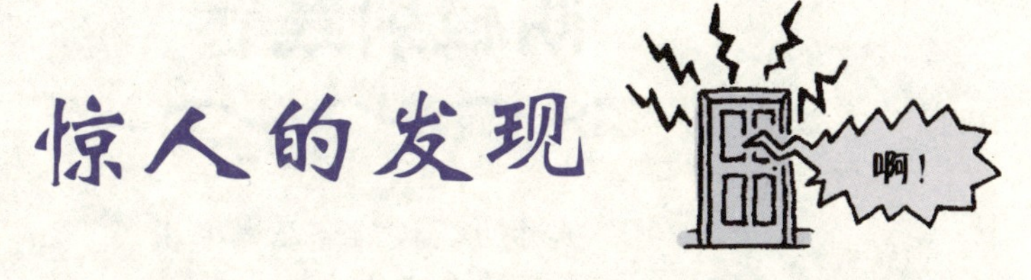

科学上的一件奇妙的事情，就是科学家可以平静地给你讲述谁都没看见过的微小物质。

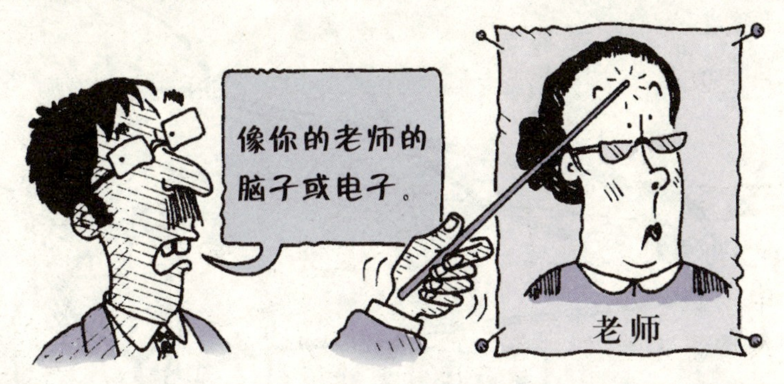

这两者都非常小，甚至用最强大的显微镜都看不到。不过我们还是要继续看下去，因为电子的发现过程特别奇妙。（是电子而不是你老师的脑子啊！）

两个真正重大的突破

在1880年，人们已经知道如何产生电，也知道如何储存它，可就是不知道电究竟是什么。那一年，科学家威廉·克鲁克斯制造出一台新机器来帮助他找出答案……

阴极射线管

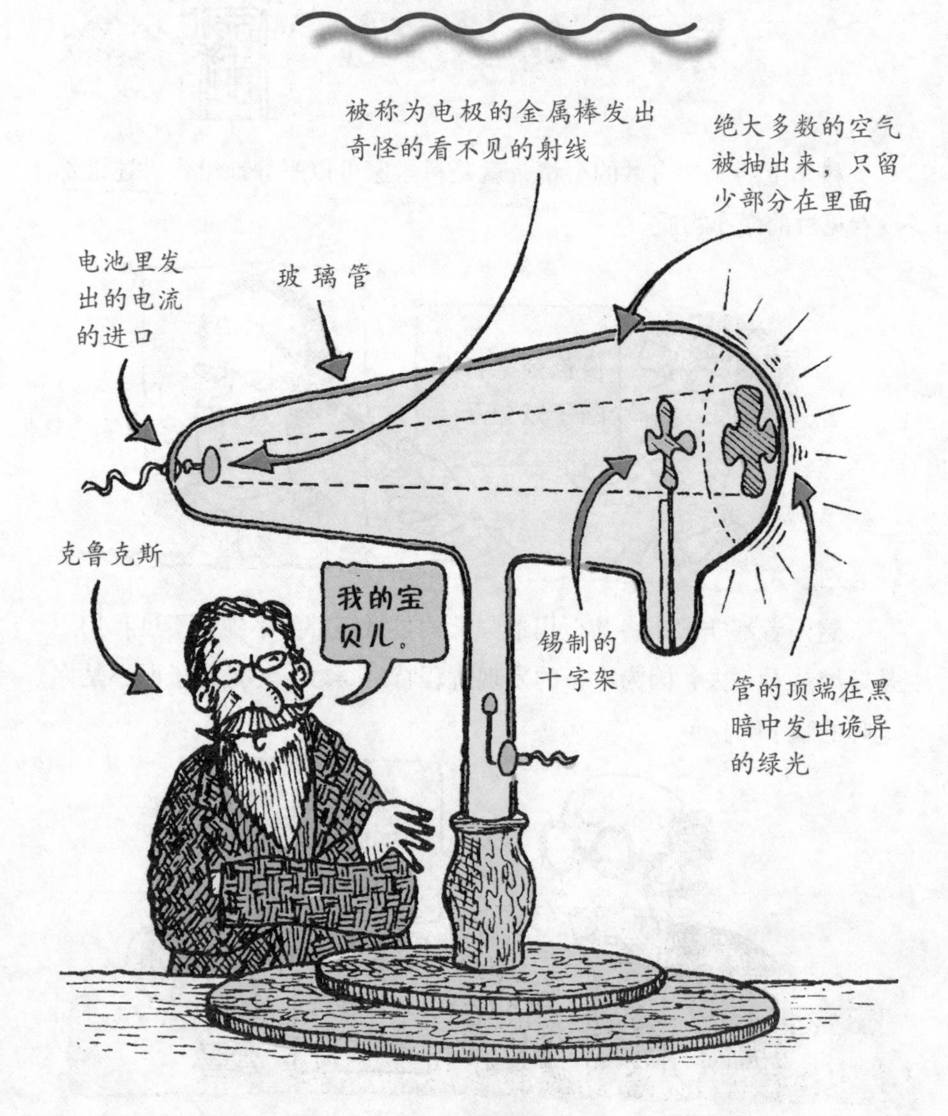

科学便条

为了避免空气中的原子阻碍看不见的射线，克鲁克斯把玻璃管里的空气抽出来。我们现在已经知道，这个射线是电池里射出来的一束电子。

你能成为一名科学家吗?

那么，你知道是什么东西发出绿光吗?

a）气体受到电子的撞击而发光。

b）玻璃管受电子撞击的地方发光。

c）气体和管里的化学物质发生化学反应而发光。

答案

b）。电子撞击玻璃的原子，使原子升温，原子以光子的形式释放出能量。当然，克鲁克斯并不知道这些，也不清楚他看到的一切。你马上就会看到的，克鲁克斯无法将他的工作解释给其他科学家，所以他们不信任他。因为和别的科学家不同，克鲁克斯相信鬼。我们来讲讲他的故事……

可怕的科学名人堂

威廉·克鲁克斯（1832—1919） 国籍：英国

克鲁克斯是家里16个孩子中最大的一个。（你希望有15个鲁莽的

弟弟妹妹经常打碎你的东西吗？）很显然，这会把人逼疯的。后来，克鲁克斯当了化学教师。之后，他继承了一笔遗产（至少他可以给弟弟妹妹每人买一份圣诞礼物了）。

于是，他不再教书，而是建立了自己的化学实验室，进行各种激动人心的实验。

他的有些研究震动了其他科学家。那个时候，许多人相信，人死以后鬼魂还会回来，有特异功能的巫师可以招魂。克鲁克斯决定通过仔细的科学观察找出真相。

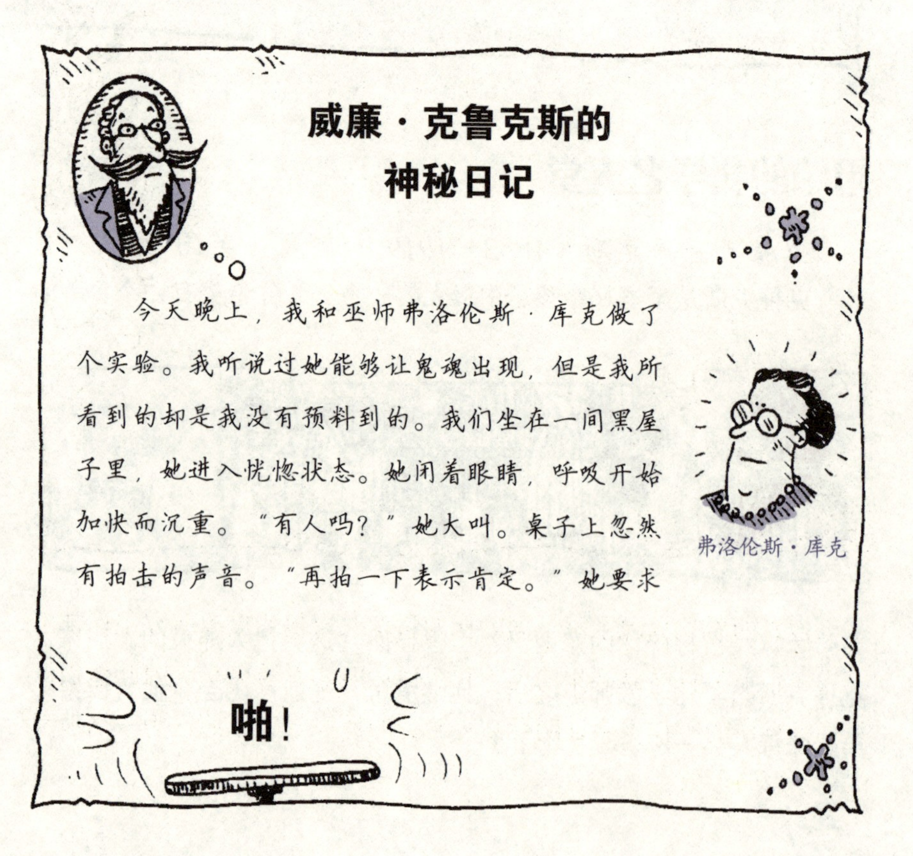

弗洛伦斯·库克

他真的看见鬼魂了吗？同时代的科学家对他的鬼魂研究工作都不感兴趣。多数科学家不相信鬼（我想他们能够看透鬼），因此他们认为克鲁克斯的工作不会证明什么。对鬼的研究损害了他作为一名理智的科学家的形象。

有一位科学家相信克鲁克斯的研究，他是剑桥大学的教授约翰·约瑟夫·汤姆逊（1856—1940），朋友们都叫他JJ。他做实验很不在行，经常打碎实验设备（但是我想你的老师会指出，破坏学校实验室通常不是天才的表现）。幸亏他后来成了教授，他可以让别人做这些动手的事情了。

汤姆逊认为克鲁克斯谈到的射线可能是由微小的能量组成的。为了获取更多的发现，他重复了克鲁克斯的一个实验，用磁铁来使那些射线弯曲。他算出了弯曲射线所需的磁力，再通过复杂的计算，算出了组成弯曲射线部分的微小光点的重量。想不想试试把它当成你的数学作业？

结果证明，射线确实是由微小的光点组成的，重量比最轻的原子还轻很多。汤姆逊算出了每个光点携带的能量，这和最轻的原子带的能量相等。他正确地推断出每个原子至少带一个光点，而通常是带很多的光点。这些小光点就是电子。

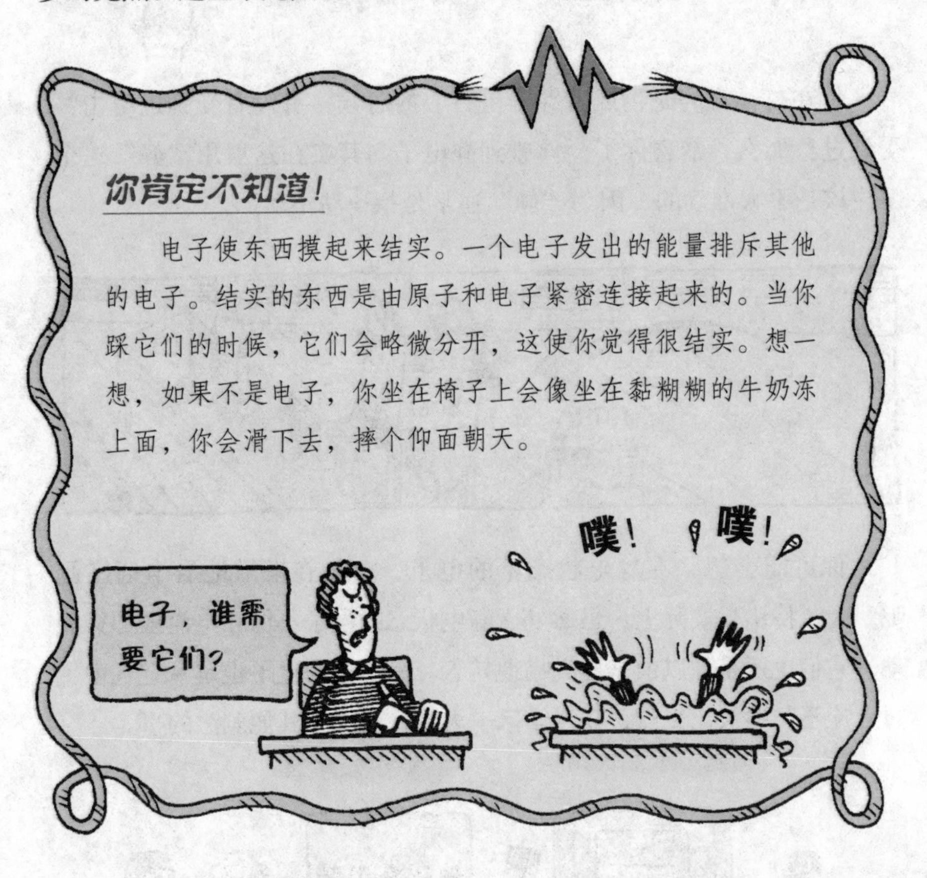

你肯定不知道！

电子使东西摸起来结实。一个电子发出的能量排斥其他的电子。结实的东西是由原子和电子紧密连接起来的。当你踩它们的时候，它们会略微分开，这使你觉得很结实。想一想，如果不是电子，你坐在椅子上会像坐在黏糊糊的牛奶冻上面，你会滑下去，摔个仰面朝天。

电可以做许多有趣的事，比如可以使你的头发直立起来。在下一章你会知道它是怎么做的，准保让你眼冒金星。

令人惊悚的静电

你在打你家的宠物或者穿羊毛背心的时候，有没有受到过电击？受到过！那么，恭喜你了。你碰到静电了。其实在这里用“静”这个字应该是不太准确的，因为“静”通常是指一动不动。

你可能会想，在静电状态下的电子一定是在懒散地看卡通漫画吧。大错特错！实际上，虽然处于静电状态的电子不像在电流里那样流动，它们也还是像以前一样嗡嗡地转着。静电里的电子也是从空气中飞过，冷不防地放出光点，吓科学家一大跳，还干些其他刺激的事。

想知道更多吗？

在你了解静电的秘密之前，你应该先在你的电脑周围笼罩上电子和原子核产生的电场。下面这个小实验可以帮你的忙……

你敢去实验电能是如何工作的吗？

需要的物品：

▶ 两块磁铁

需要怎么做：

让它们靠近。

发生了什么？

a）两块磁铁根据靠近的两端不同，或者互相排斥分开，或者互相吸在一起。

b）两块磁铁总会吸在一起。

c）两块磁铁可以放在一起，但是你感觉不出它们之间存在力的作用。

答案

a）。当磁铁是分开的，你可以想象它们是两个电子。回忆一下第31页的内容，电子用它们自己的力互相排斥。

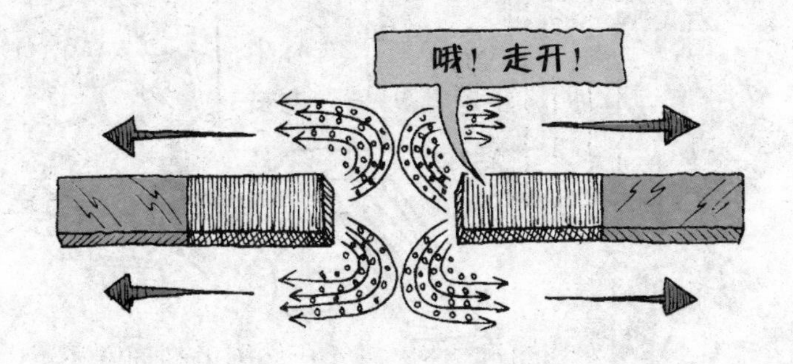

当两块磁铁吸在一起时，你可以想象它们就像电子和原子核。这

次它们共同的力量把它们拉在一起。（这个道理也适用于两股力量之间的复杂作用，你不明白吧？我也不明白！）

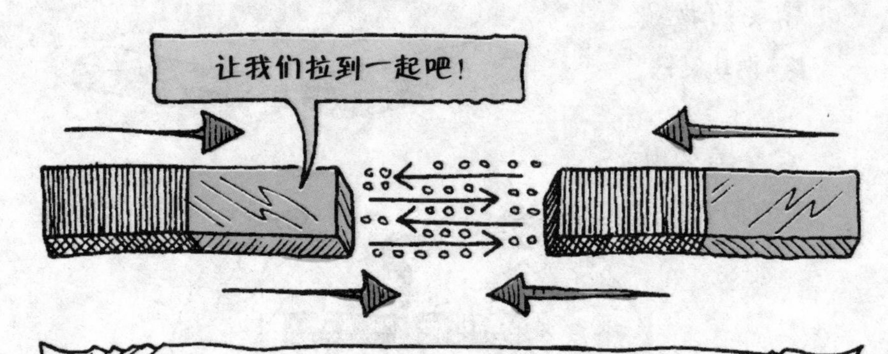

科学便条

1. 原子核和电子之间的力帮助原子保持完整的状态。原子核产生的力，是由组成原子核的微小物质——“质子”产生的。

2. 实际上，我们所说的磁力就是电子产生的。你要是不相信我，可以去看看第107页！

可怕的表述

两个科学家的谈话：

他们在比较旅馆账单吗？

答案

不是！他们是在讲他们的实验。为了区分，科学家将电子带的电叫负电荷，原子核带的电叫正电荷。这两个专用词在以后的几页中将大量出现。

再来看看我们的好朋友原子一家，它们会告诉你静电是怎样产生的。

原子家庭

在静止状态下

1. 我们用气球在猫身上擦10次，多点儿也行。

2. 原子一家住在猫的绒毛上。

气球的原子通过摩擦把猫毛上的电子带走。这是一张特写图片，你可以看到发生了什么。

3. 电子落在了气球的表面，这就是说气球表面产生电场（还记得吗？是负电荷）。

4. 同时，猫毛上的原子由于失去了电子而带正电荷。正电荷想把失去的电子拉回来。

5. 这些力使猫的毛直立起来，想把猫和气球拉在一起。

6. 电子身上的负电荷产生的力量拉着猫毛身上的原子。

7. 当气球被拉向猫的时候，猫毛失去的电子被使劲拉回到它们原来围绕的原子。你可以听到轻微的噼啪声。

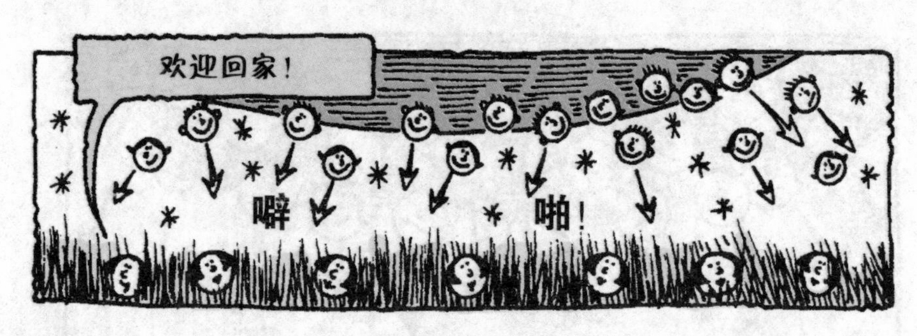

你肯定不知道！

古希腊学者，米莱特斯的泰利斯（公元前624—前545）是这样制造静电的。他用琥珀（一种树脂的化石）摩擦一块老皮子。（我真不敢想象他对他的猫做了什

么！）随后，这块琥珀可以吸起羽毛。你要是感兴趣，也可以做这个实验。（希望你的猫还能保住自己的皮！）

也许，你想试试下面这个实验。

你敢去实验如何使塑料纸移动吗?

需要的物品：

- 两张新的10厘米×2厘米的塑料纸
- 一把干净且干燥的梳子
- 一块软糖
- 一些干净的头发（你可以从自己头上揪一些，或者温柔地向你的猫要一些）

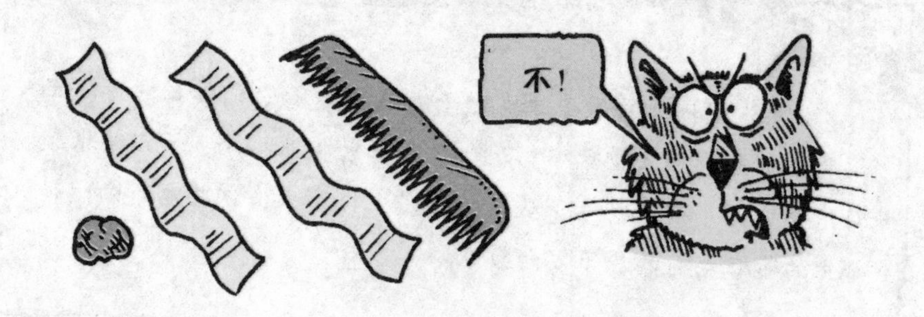

需要怎么做：

1. 两手各拿一片塑料纸，将两片纸合拢在一起。注意发生了什么。

2. 把一片塑料纸用软糖粘在桌子的一角，使它向下垂下来。现在用梳子快速用力地梳头4次，然后用梳子的齿靠近垂着的塑料纸，但是不接触。注意发生了什么。

发生了什么？

a）在步骤1中，两张纸粘在了一起。但是在步骤2中，纸并不想接触梳子。

b）在步骤1中，两张纸并不接触，但是在步骤2中，纸确实想去接触梳子。

c）在步骤1中，纸和梳子之间有跳动的火花，但是在步骤2中，在两张纸之间没有出现火花。

答案

b）。塑料纸的原子缺少电子，这意味着它们带正电荷。记得两个负电荷相互排斥吗？两个正电荷也相互排斥，所以两张塑料纸会分开。梳子将电子从你的头发上梳下来，这些电子向塑料纸上的带正电荷的原子方向靠近。

超级静电

静电是非常有用的。举例来说，你知道复印机就是利用静电来复印文件的吗？在这里你将会看到在整个过程中究竟发生了什么……

1. 一束明亮的光照射在需要被复印的图片上，它的影像被反射到一面镜子上，再通过一个镜头投映到一个金属鼓上。看清楚了吗？

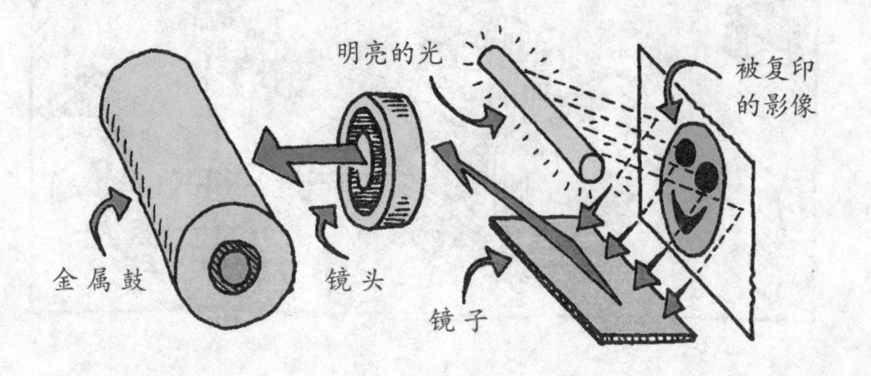

2. 这个鼓外面包着一层硒，当光线照射到上面的时候，硒鼓会释放出电子。

3. 这就意味着接受最多光线的硒鼓部分（换句话说，就是最亮的部分）失去了带负电荷的电子，变成了带正电荷。记住是正电荷就对了。

4. 带正电荷的墨粉撒在硒鼓上，附着在带负电极的黑色区域（希望你做了笔记）。

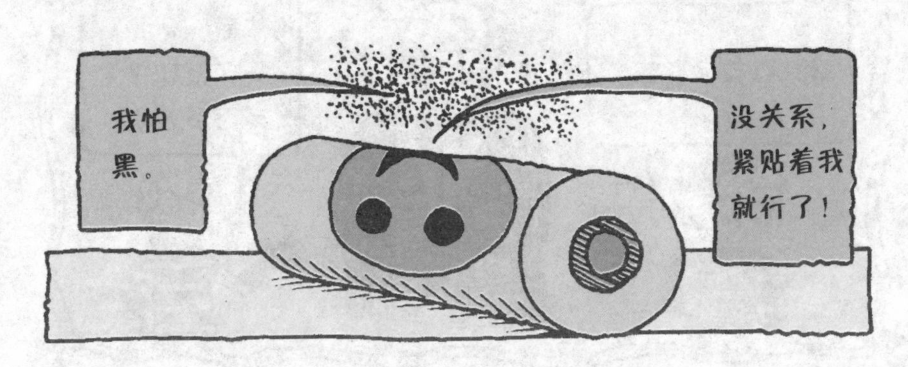

5. 顺着硒鼓走过，墨粉一直粘贴在纸上，一份原来图片的复印件就做出来了。

6. 通过一个加热装置使墨粉变软，并印到纸上。

7. 一份完美的拷贝（复印件）就完成了。

你肯定不知道！

复印机是由美国发明家切斯特·卡尔森（1906—1968）发明的。他在1938年用带静电的微小的苔藓种子制作了第一份复印件。他一定从小就是好静的。他花了4年的时间摆弄有味道的化学药品，他的房间里充满了腐烂的臭鸡蛋味。这期间，他的婚姻破裂了，研究助手辞职了，数不清的公司拒绝支持他。但是，经过20年的完善，复印机流行起来，切斯特变成了百万富翁。

他以1美元起家。

然后，他把1美元复印了三百多万次。

但是，如果没有以前的科学家研究静电，切斯特也不可能成功。你知道吗？许多有关静电的可怕实验是由一个叫史蒂芬·格雷的科学家做的。你能相信，他竟然是在无依无靠的小孩身上做实验的吗？现在就看看这个骇人听闻的故事吧。

恐怖的故事

伦敦 1730年

“你是新来的吗？”乔问道。

那个瘦瘦的，脸上脏兮兮的女孩呆呆地点点头。

“这就是你为什么总跟着我的原因吗？”

女孩又点点头。

乔咬咬嘴唇，想做点什么。他可不愿意别人整天跟着他，但是他看得出来，这个新来的小姑娘害怕独自待在幼儿园里。

于是他俩盘腿坐在空荡荡、积满尘土的地板上。“你叫什么名字？”乔问道。

“汉娜。”女孩小声地说，就像怕被人听见似的。

“好吧，汉娜。这里条件还不算太坏。我给你讲个故事，你就会放松多了。”

女孩期待地向前探探身，问：“故事是真的吗？”

“当然是真的！”乔说，“我一直以来都在为一位科学家工作，你猜怎么着？他竟然用我做实验。”

“他真的用你做科学实验？”汉娜问道。

“别问那么多问题！我都会告诉你的。一天，这个古怪的老家伙到幼儿园里来，问谁愿意为他工作。他很胖但也很有钱，他就是史蒂芬·格雷先生。

“园长把我揪了出来，带到格雷先生的房间里。房间可真华丽，有厚厚的窗帘，桌子上摆着擦得锃亮的银器，还带着上光剂的气味。你猜后来怎么着？他请我吃了一顿丰盛的大餐，他说我看上去像是那种吃饱了才能干活的人。我吃了牛肉、洋葱、汤团、土豆、肉汁和3份布丁。简直像在天堂一样！”

乔瞟了一眼汉娜，知道她一定在流口水。

“我也要为格雷先生工作。”汉娜充满渴望地说。

“格雷先生的仆人进来了。她是个又老又丑的女人,叫索尔特夫人。她说：‘如果这个男孩再吃，他会把绳子拽断的。’绳子？我想她是这么说的。我有点害怕。也许这个叫格雷的家伙会把我绑起来，然后杀死我。也许他会把我大卸八块，再把我吃掉。

“格雷先生一定看出了我的心思。他拍拍我的头说:‘乔,不要害怕,不会很疼的。’”

“会疼吗?”汉娜紧张地问道。

乔摆出一副勇敢的样子,说:“你瞧,我不是还活着吗?格雷先生把我带进一个房间,我不敢说话。屋子里堆满了各种科学仪器,像玻璃棒、整套的金属球,我也不知道那是做什么用的,还有烧瓶和望远镜。

“格雷先生拿起一架望远镜说:‘我原来是个天文学家,后来由于我总是弓着腰看望远镜而弄伤了自己的背。所以我改行研究电了。’

“‘什么是电?’我问他。于是格雷先生给我讲了关于这种不可思议的力量的来龙去脉。但我不想解释给你听,因为我可不想把自己的脑子再搞得乱糟糟的。

“我傻乎乎地问他:‘电是不是和这些金属球有关?’

“‘是的。很有趣吧。’格雷先生回答道,‘我证明了不管它们是空心的,还是实心的,都可以储存同样数量的静电。我想,那种力一定是储存在球的外面。我学会了怎样电击,这样我们才能开始做实验。’

“他向索尔特夫人点点头,她就飞快地用丝绳捆绑住了我的肩膀、腿和腰。我吓得什么也说不出来了。直到他们把我吊起来的时候，我才开始大叫。我感觉，我刚才吃的好东西全都流到地板上了。

“格雷先生将手指放在嘴边：‘不要叫，乔，我们只想电你一下。’

“‘可我不想被电！’我大叫。

“格雷先生看上去很为难，说：‘这是为科学！乔，我给你 6 个便士！’

“于是就这么说好了，就算是为了 1 个便士我也会干的！

“我感觉自己就像在游泳，真的很奇怪，我的手伸在两边，就像在空气中飞。索尔特夫人用一根玻璃棒使劲摩擦我的衣服，我的天，她真是很有劲儿。与此同时，格雷先生在我身下的地面上放了 3 个金属盘，并在盘中放入碎纸屑。

“‘现在，乔，伸出你的手去捡这些碎纸。’他对我说。

“‘我做不到！’我大叫。我的胳膊太短，根本够不到那些纸，我只是勉强做出去捡的动作。这时，怪事发生了，碎纸向我的手飞过来，就像婚礼上飞散的五彩纸屑。

“‘好啊！’格雷先生拍着他肥厚的手，我也高兴地在半空中给他鞠躬。

“我问他：‘我能下来了吗？’他点点头，索尔特夫人伸手把我放下来。忽然有一声爆裂声，我感到钻心的疼。真是非常疼痛。

"'看样子你是受到了电击。'格雷先生说，'没关系，这是给你的6个便士。'"

汉娜的眼睛睁得大大的："你真的有6便士的硬币？"

"是的。"乔自豪地说。

"那真是大钱。我从来没有见过。我能看一下吗？我还能摸一下吗？"乔拿着闪亮的银币，汉娜伸手去摸。

她大叫道："你扎了我一下！"

"不要紧的，"乔大大咧咧地甩甩手，"你只不过被电了一下。"

你敢去发现纸屑飞向乔的秘密吗？

需要的物品：

- 一片聚苯乙烯（代表乔）
- 一件羊毛套头衫或一条紧身裤
- 碎纸屑（打孔机打下来的圆纸屑最好）

需要怎么做：

1. 将聚苯乙烯片在衣服上摩擦几次。
2. 将聚苯乙烯片接近碎纸。

发生了什么？

a）碎纸跳到了聚苯乙烯片上。

b）你遭到电击。

c）聚苯乙烯片被轻轻地拉向碎纸。

答案

a）。在格雷先生的实验中，索尔特夫人使用玻璃棒摩擦乔的时候，玻璃棒把乔的衣服和皮肤上的电子带走。这使得乔的衣服和皮肤上的原子带正电荷。于是，乔身下金属盘中的纸屑上的电子被拉向乔，这个拉力带动纸屑被拉向乔，原子也在拉碎纸。当索尔特夫人接触乔的时候，她皮肤上的电子一下子冲向乔，给了乔一个电击。

注释：聚苯乙烯片是一种塑料片。

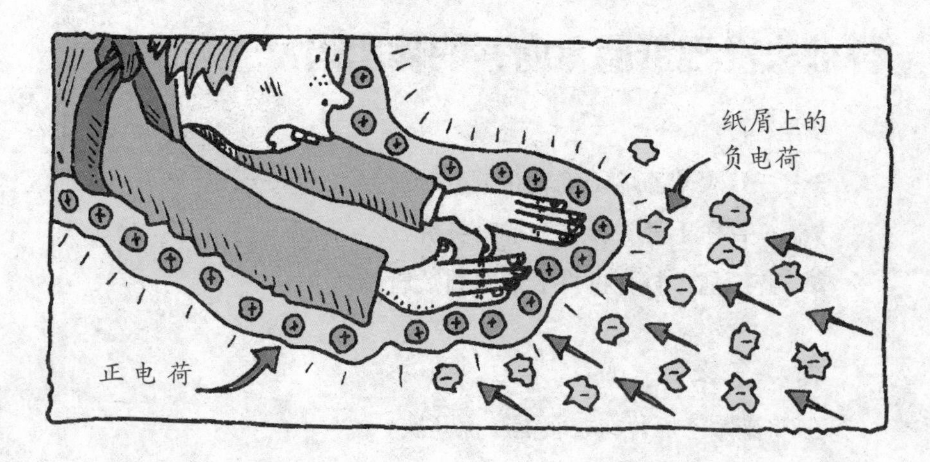

顺便说一下，汉娜并没有受到严重的电击，只是因为乔依然是带静电的——人的皮肤有时候会收集到一些静电（例如，当你走过一块

地毯的时候）。这就是为什么有时候你碰别人时会被电一下。

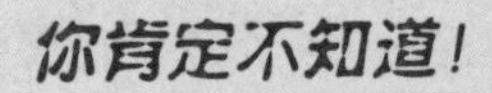

格雷不仅仅给小男孩通电，也给头发、羽毛以及外面涂上薄薄一层金色的牛肠衣通电（别问我他是怎么给牛的肠衣涂上金色的）。

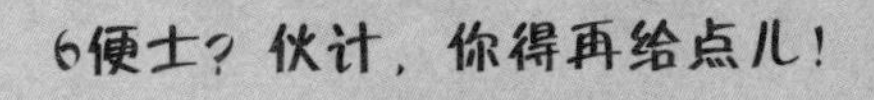

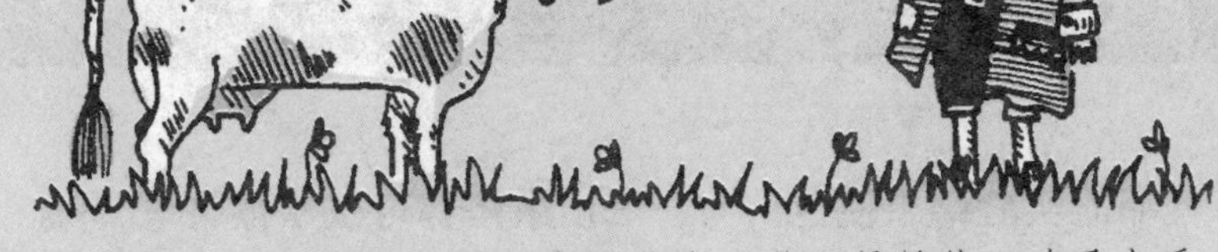

他研究过不同的导体（如果你忘了什么是导体，请马上看一看第24页）。

接下来又发生了什么？

1732年，勇敢的法国科学家查理·杜菲（1698—1739）重复了格雷的实验，只是他没有用男孩，而是用自己代替乔的角色亲身体验了一下。在他的助手试着接触他的时候，他遭到了电击，结果连他穿着的马甲都被烧穿了。

杜菲觉得这个实验很刺激，或者该说令人兴奋。他坚持要在黑暗中再做这个实验，这样可以让他看见静电产生的火花。

杜菲的实验结果使他认为，一切东西都可以摩擦带电，除了液体、金属和令人作呕的肉块。杜菲并没有意识到，那是因为液体、金属、肉块都是电的良导体，在这些物体中，电子更容易传导出去，而不是积聚起来形成强大的负电荷。没过几年，科学家们就研制出了良好的仪器，可以为以后的实验制造和储存静电（那个时候，大规模的发电还尚未实现）。你想不想拥有这么一台仪器？当然，只要你不用它去电你的老师和哥们儿姐们儿。你能保证吗？

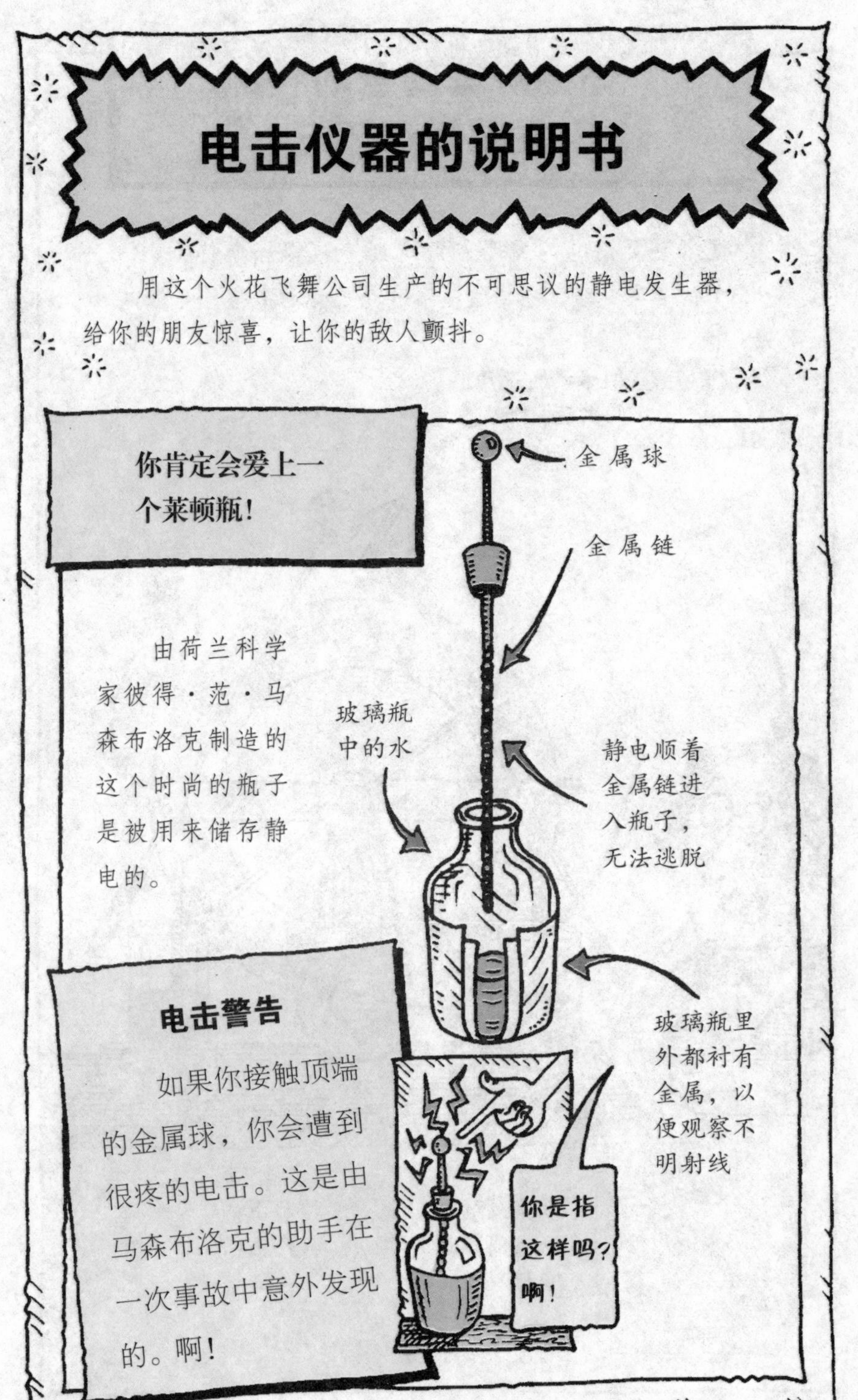
电击仪器的说明书
用这个火花飞舞公司生产的不可思议的静电发生器，给你的朋友惊喜，让你的敌人颤抖。
你肯定会爱上一个莱顿瓶！
由荷兰科学家彼得·范·马森布洛克制造的这个时尚的瓶子是被用来储存静电的。
金属球
金属链
玻璃瓶中的水
静电顺着金属链进入瓶子，无法逃脱
玻璃瓶里外都衬有金属，以便观察不明射线
电击警告
如果你接触顶端的金属球，你会遭到很疼的电击。这是由马森布洛克的助手在一次事故中意外发现的。啊！
你是指这样吗？啊！

你会对威姆舍斯特的发明赞叹不已

这个装置用它的发明者詹姆斯·威姆舍斯特（1832—1903）的名字命名，它通过玻璃和金属盘的摩擦产生静电。

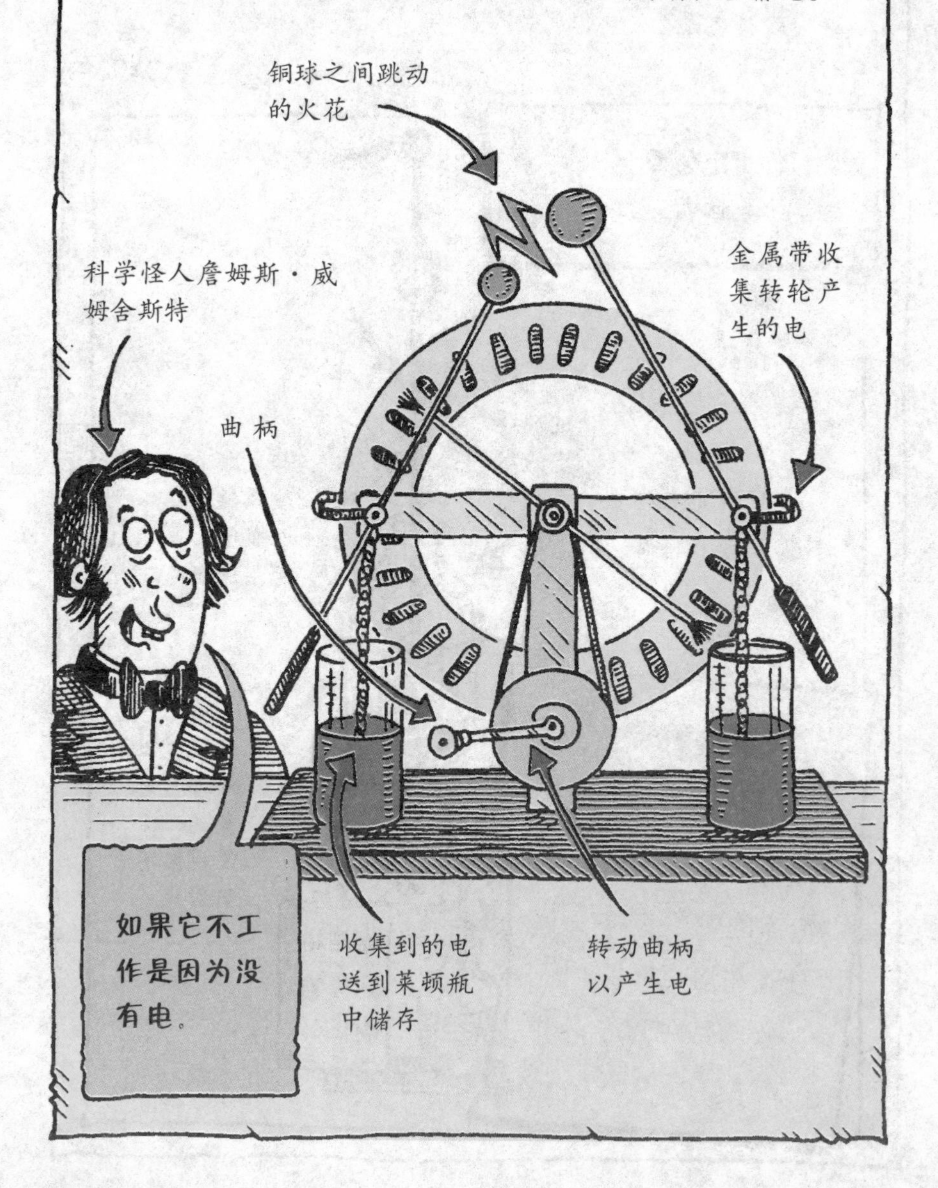

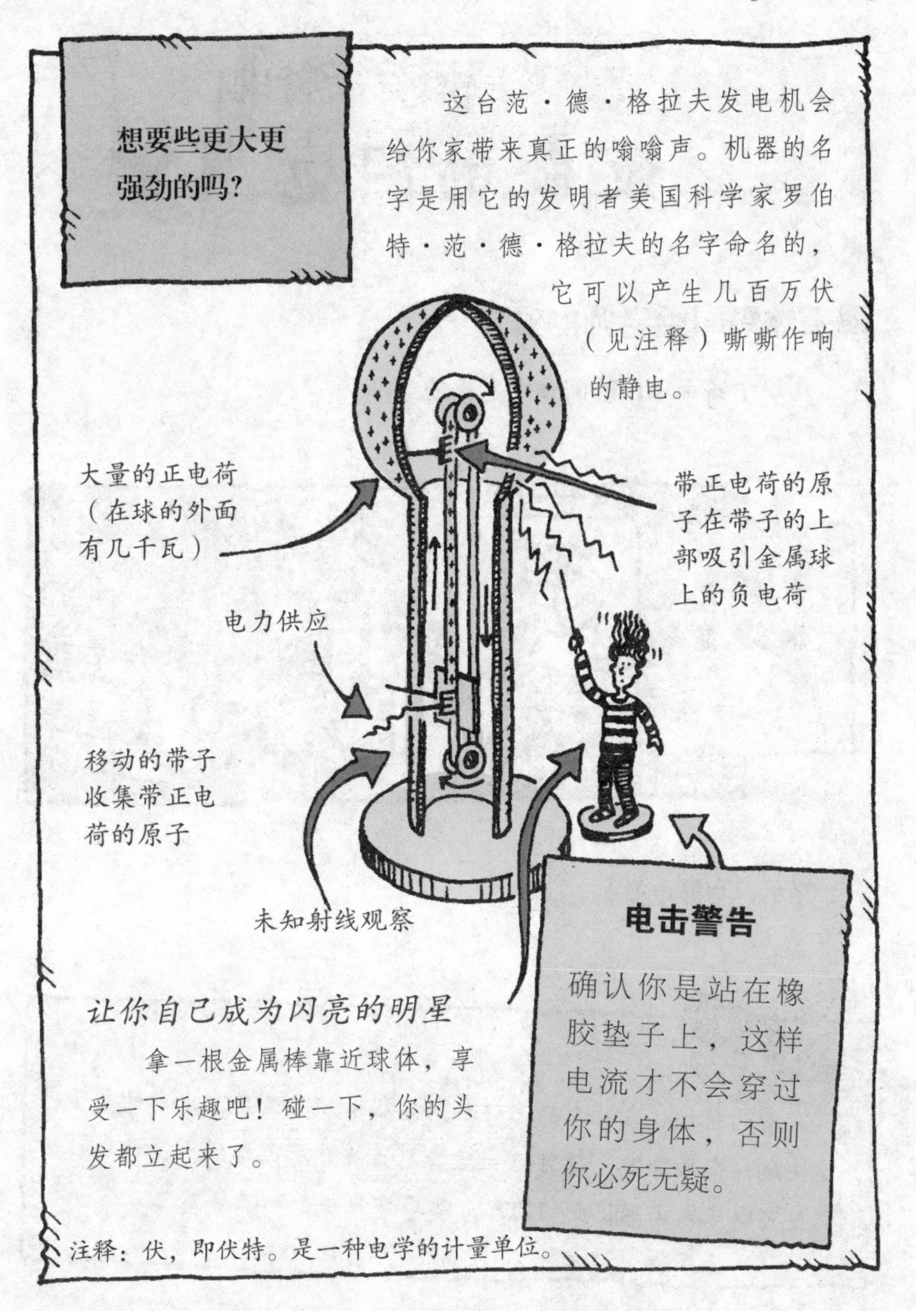

有人提到过闪电吗？你可能会惊愕地发现，闪电也是一种静电。如果你觉得这个说法像晴空霹雳，那么你确实需要读读下一章了。你肯定会被震惊的。

致命的闪电

喝茶休息时给老师的难题

用这个古灵精怪的问题考考你的老师。

提示：与静电有关。

答案

有的时候，油罐车的车厢要用高压水龙头清洗，水中的电子飞快地与车厢摩擦，这可以产生静电，并且有闪烁的火星出现。火星可以点燃车厢里面的油气，然后炸毁整个油罐车。

但是，水滴又是如何产生闪电的呢？如果你够聪明，往下读你就会发现。

惊人的电档案

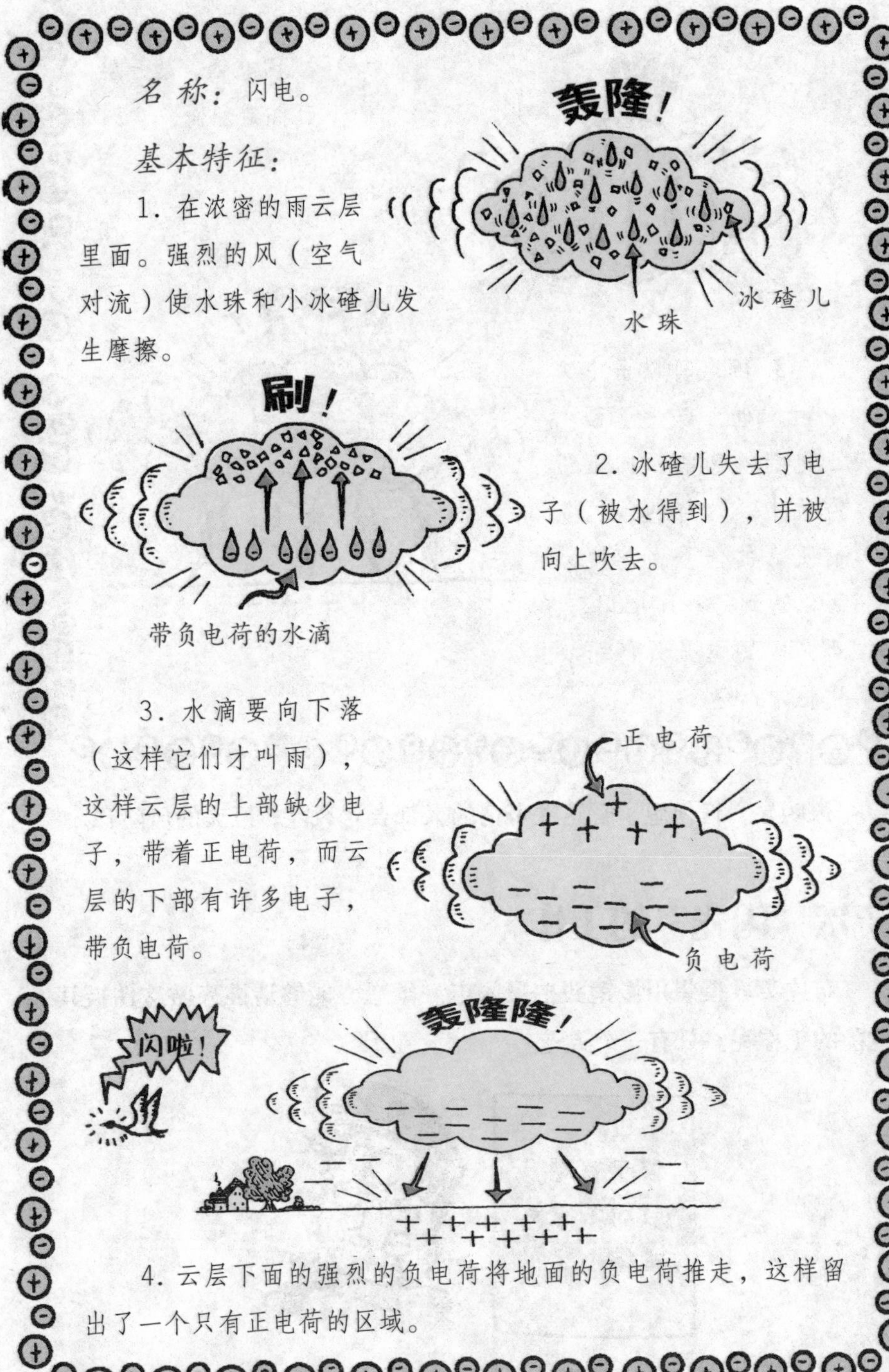

名 称：闪电。

基本特征：

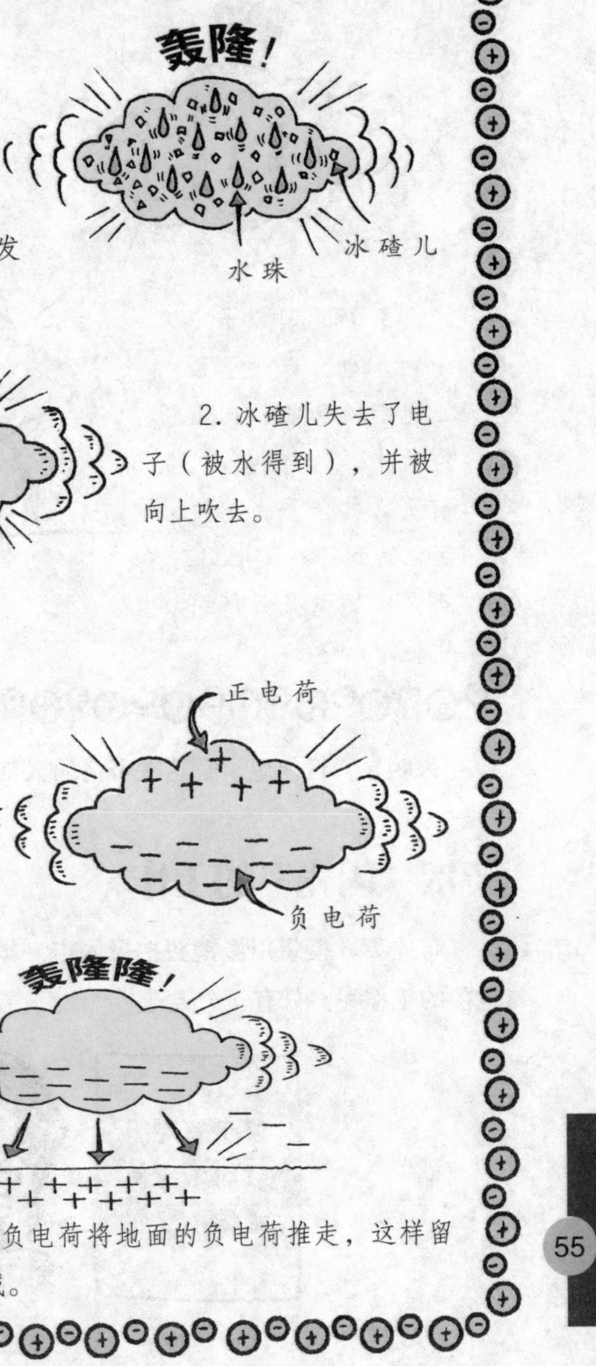

1. 在浓密的雨云层里面。强烈的风（空气对流）使水珠和小冰碴儿发生摩擦。

2. 冰碴儿失去了电子（被水得到），并被向上吹去。

3. 水滴要向下落（这样它们才叫雨），这样云层的上部缺少电子，带着正电荷，而云层的下部有许多电子，带负电荷。

4. 云层下面的强烈的负电荷将地面的负电荷推走，这样留出了一个只有正电荷的区域。

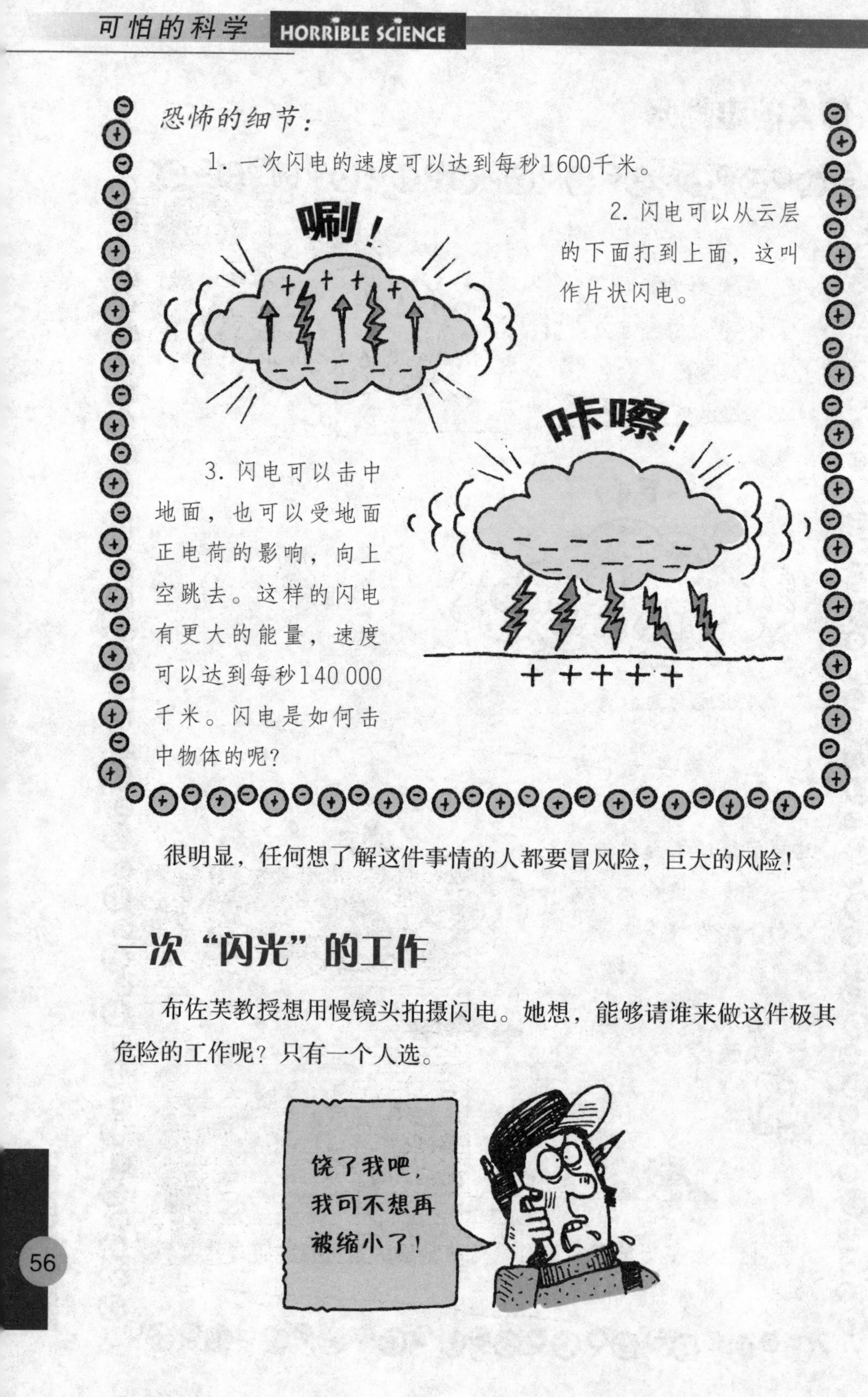

很明显，任何想了解这件事情的人都要冒风险，巨大的风险！

一次“闪光”的工作

布佐芙教授想用慢镜头拍摄闪电。她想，能够请谁来做这件极其危险的工作呢？只有一个人选。

我向安迪保证，绝对不会再有缩小这种事了，而且我会和他一起拍。我们简单地谈了谈价钱，他同意做这个工作。

我接受了这个工作，是因为我用照相机很在行。我在婚礼、葬礼和一切需要照相的时候拍照。拍闪电，看起来很容易，闪一下不就完成了吗？开始拍摄的时候，我先拍了些乌云，然后等待闪电的出现。我仰着头看，脖子都弄疼了，淋得浑身湿透了。我对自己说："这真是个鬼差事！"

安迪并没有等多长时间。当云层下部的负电荷聚积到一定的程度时，云层下面就出现了明亮的团状的闪电，实际上这是带负电荷的球状闪电。

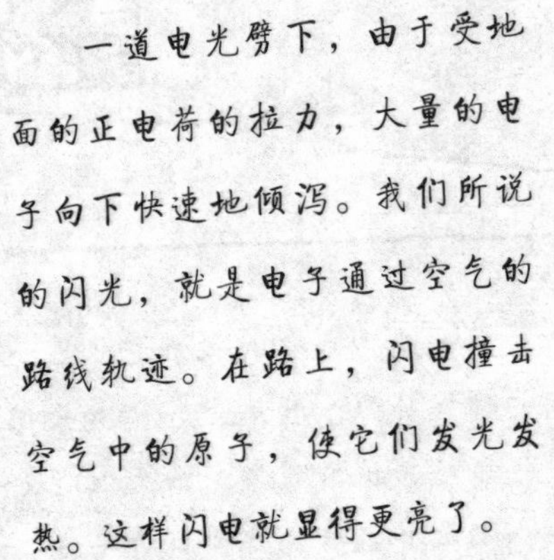
一道电光劈下，由于受地面的正电荷的拉力，大量的电子向下快速地倾泻。我们所说的闪光，就是电子通过空气的路线轨迹。在路上，闪电撞击空气中的原子，使它们发光发热。这样闪电就显得更亮了。

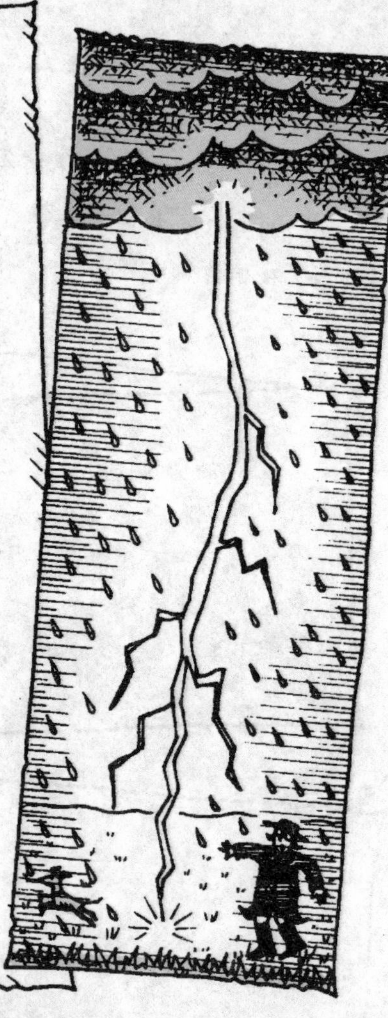

闪电击中地面。一条闪电的宽度可以达到1厘米。

闪电很快地加热空气，又很快地使它冷却下来，这使得空气里产生了振动的气流。气流的振动传入我们耳朵里，就是雷声。安迪拍照的时候，我突然觉察到一道闪电正在形成，而安迪正好处于闪电的正下方。

是不是有人说过"当场毙命"这句话？我没想到会发生在我身上。我正忙着拍照，教授跳来跳去指着天上的东西，她刚指着下一道闪电。真的像闪电那么快，啊……

新闻快递：安迪·曼遭到电击。我们将在几分钟后赶往医院，查看他的伤情。

你仍然不害怕闪电吗？你仍然想在温馨的家里制造出闪电来吗？OK！那你就干吧，只是别向你的哥们儿姐们儿或是你的宠物放电，他（它）们已经够受的了。

你敢去实验如何制造闪电吗？

需要的物品：

▶ 一个支着天线的收音机

▶ 一个气球

▶ 一件厚毛衣（不一定非得是纯羊毛的，但一定要是含毛的。一块羊毛地毯或一条羊毛围巾也可以）

需要怎么做：

1. 等天黑了，或是坐在一间关上灯的小黑屋里。这个实验在黑暗中做效果最好。

2. 将气球在羊毛制品上摩擦10次，再用它靠近或接触收音机的天线。

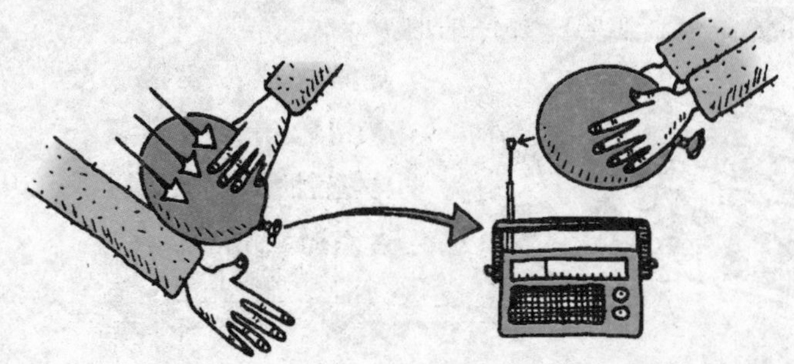

发生了什么？

a）谁也没碰收音机，收音机自己就打开了，像有鬼似的。

b）一个奇异的闪烁的光球出现了，在屋子里四处飘荡，把你吓得魂飞魄散。

c）一个小火花。

答案

c）。气球在与羊毛衫摩擦时，将羊毛衫上的电子吸引过去，并在与收音机天线靠近或接触时释放给收音机天线产生小火花。这个火花就是小的闪电。

你敢去实验如何听到闪电吗？

需要的物品：

▶ 和上一个实验一样的东西

需要怎么做：

1. 把收音机调到AM波段，并确认没有调到任何一个电台。
2. 把音量关小。
3. 重复第一个实验，并仔细地听。

发生了什么？

a）尽管你没有调台，但是却听到了流行音乐。

b）很小的爆裂声（但肯定不是音乐）。

c）你听到非常大的爆裂声。

答案

b）。你听到的爆裂声是电子从气球跳到收音机天线上去的声音。如果你在雷电中打开收音机，声音调得和以前一样，你也可以听到同样的声音，但它是由闪电造成的。很抱歉，你不是第一个研究这种现象的人。

可怕的科学名人堂

本杰明·富兰克林（1706—1790）国籍：美国

本杰明·富兰克林一生中做过很多的事情，真奇怪他居然有时间吃饭睡觉。他是一个……

富兰克林是家里17个孩子中最小的，你能够想象那会有多惨吗？16个大哥哥大姐姐把你呼来唤去，一个一个在你之前洗澡，你只能用他们剩下的脏水。富兰克林只上了3年学，不过对他来说那已经够长的了。他痛恨数学，所有的考试都不及格。随后的情况更糟，他在此后的7年里，不得不无偿地为他的一个哥哥每天工作12个小时。你会拿这种工作和上学做交换吗？

富兰克林在他哥哥的店里学会了印刷的技术。他15岁的时候，就成了报纸编辑。

富兰克林的哥哥因为在报纸上说了某个大人物的坏话而被关了起来，富兰克林开始掌管报纸。那一定非常酷，他可以按自己的喜好印关于电脑和滑板的有趣的文章了，我是说如果那个时候就发明了那些东西的话。

富兰克林最终放弃了哥哥的业务，去了费城。他只带了一小块面包，身无分文。幸运的是，他很快找到了一份做印刷工的工作，而且和当时统治城市的英国总督交上了朋友。但是总督欺骗了年轻的富兰克林。总督派他去伦敦学习更多的印刷知识，但当富兰克林出发之后，他发现总督并没有兑现曾向他许诺过的资助。

1732年，富兰克林迎来大转机。在伦敦当了一阵子印刷工之后，他回到费城，出版了一部带格言的日历。这本日历一经上市，立即轰动。那些格言非常有名，你应该听你奶奶说过。

实际上，富兰克林也没有按照自己出版的格言那样生活。当他在18世纪70年代生活在巴黎的时候，他参加了很多的深夜舞会，他依然健康富有，而且你也将看到他很聪明。你敢把这个说给你奶奶听吗？

富兰克林挣了很多的钱，他不再从事印刷工作，而开始对科学和发明产生兴趣。他发明过一种新式烧木头的炉子；可以伸缩、便于拿到高处的东西的夹子（例如袭击一个被藏在柜子顶上的饼干桶）；也发明过一个玻璃碗做的乐器（这个碗是转动的，如果你用手指碰它的边，它会发出一个个音符）。

你肯定不知道！

富兰克林对任何事情都感兴趣，甚至包括放屁。他组织过一个比赛，来寻找一种可以和食物混合的药，使人放香屁。这个比赛没有被嗤之以鼻就算是万幸了，而不幸的是比赛没有获胜者。

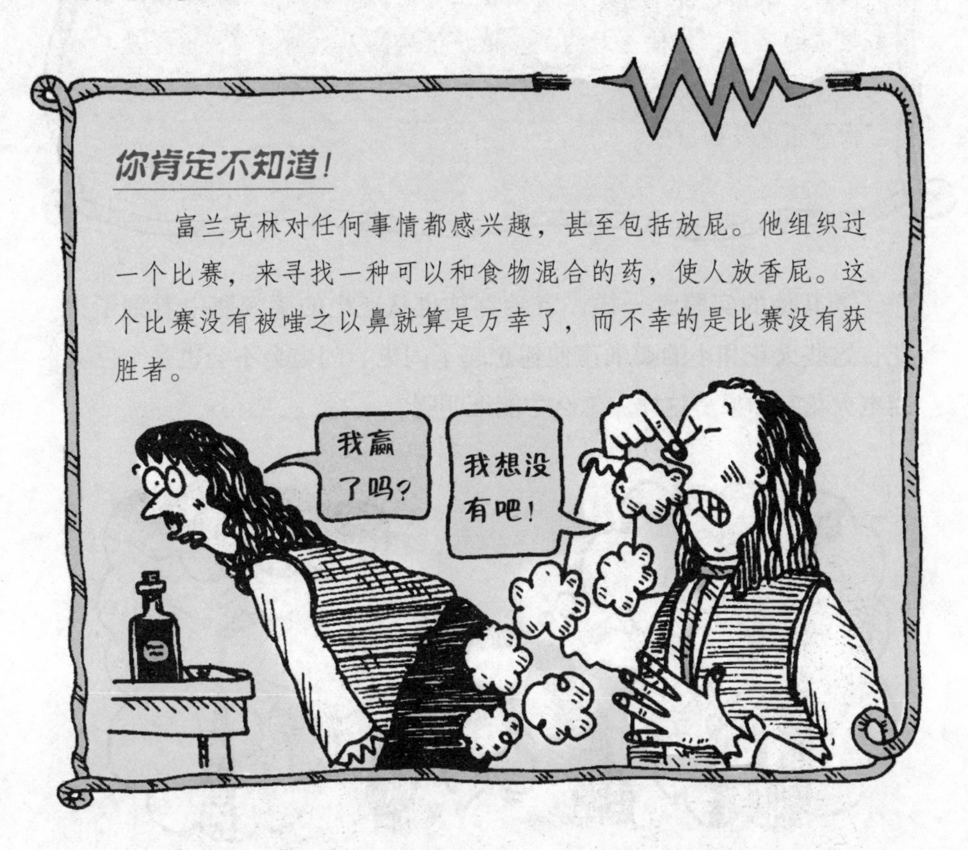

富兰克林的最大发现与电有关。1746年，他参加了一个关于电的学术研讨会。会上，他受到很大触动，于是将讲演者的所有仪器都买回家，开始自己动手做实验。

你肯定不知道！

富兰克林是一位伟大的科学家，他敢于提出新的思想，他第一个提出，静电可能是建立在正负电荷的基础上的（他没有很多的证据，但他是对的）。但是很遗憾，他还说道，电是从正极向负极流动的。这次他错了，事实上是带负电荷的电子流向带正电荷的原子。

和其他的实验者一样，富兰克林也从充电的莱顿瓶中看到了火花，这些火花和小的噼啪声使他想起了闪电。闪电会不会也是个巨大的电火花？如果是这样，怎么才能证明呢？

富兰克林的第一个计划是在教堂的塔尖放一个金属棒，从闪电云里面引一些电荷下来。但是他选好的那座教堂一直没建好尖塔，而几个月后，一个法国科学家按照富兰克林的思路，完成了这个实验。实验证明闪电确实带电，只是实验太危险了。如果闪电击中了金属棒，周围的人一定会被电死。俄罗斯科学家乔治·理查曼就为此付出了生命的代价……

圣彼得堡时报

俄国人理查曼被烤熟了！

资深记者霍尔报道

杰出的科学家乔治·理查曼遭电击身亡。据目击者说，这位科学家跑回家做了一个危险的实验。42岁的理查曼想测量一个闪电所带电荷的强度。今天，本报采访了他的老朋友米哈伊尔·罗蒙诺索夫。

“我曾经警告过他。我说：‘富兰克林说过，电会从被闪电击中的金属棒上跳出来。’可是他根本不听。这个傻瓜用一把金属尺子去接触金属棒，尺子上绑着一根绳子。他想看看闪电能够将绳子抬起多高。这是个难以想象的错误！

一个巨大的电火花从金属棒上射出来，把尺子打飞

了，也把理查曼击倒了。我当时也遭到了电击。当我清醒过来，想看看他怎么样的时候，我惊呆了。当时的情景真是惨不忍睹啊！”

地毯上烧焦的尸体把佣人吓坏了

与此同时，富兰克林也做了关于闪电的实验。当然，和你看到的一样，这是非常危险的。富兰克林的命运是不是和理查曼的命运一样悲惨，变成了富兰克林烤肉饼呢？

本杰明·富兰克林的笔记

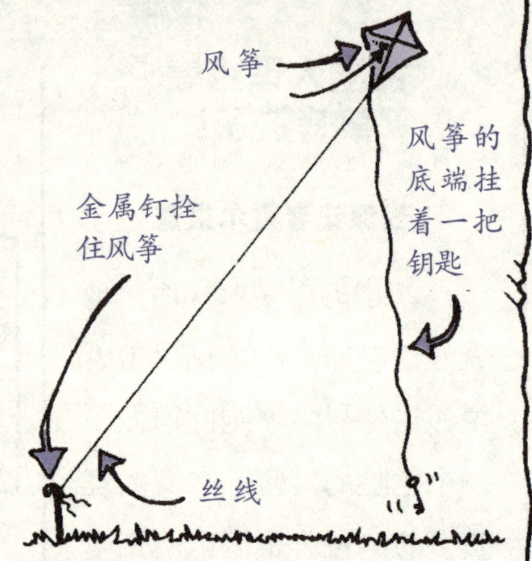

1752年10月1日

天空阴云密布，雷声隆隆，看起来要下大雨。好极了！正好是我做风筝实验的理想天气。我用旧的丝绸手绢做了个特殊的风筝。

我的计划是在雷雨天把风筝放出去，从云层里收集一些电，让电顺着绳子传导下来，给拴在风筝线底端的钥匙充电。这样做可行吗？我不怕被电死，可我不想在大庭广众之下被电死，我想那样我会很尴尬的。于是我就和我的儿子，到一个安静的没有人看见的地方去了。

3个小时之后……

真是沮丧，没有什么像样的雷雨云向我们这边吹过来，我的儿子都开始烦了。算了，最好放弃吧！可是，再等等，那边来了一块雷雨云。

现在把风筝放上去。哇，线绳都拉直了，我想它们被充电了，我也高兴地像遭到了电击一样。用我的手靠近钥匙，哦！最好别接触到。

我被狠狠地电了一下。我真的非常高兴，真的！再用一个莱顿瓶来托住钥匙，有电火花跳进瓶中，这就是我一直在研究的静电。我成功了！我成功地将电从云里面引出来了，而且我还活着。

严重的安全警告

富兰克林和他的儿子真的非常幸运，但他们也可能会非常不幸地死去。因为如果闪电恰好击中了风筝，那就绝对是另外一个故事了。所以，绝对不要在雷雨天放风筝！也不要在高压线的附近放风筝！

在这个成功的实验之后，本杰明·富兰克林开始设计一个新发明，房子如何避免被闪电击中，或把你的猫吓得半死的发明。

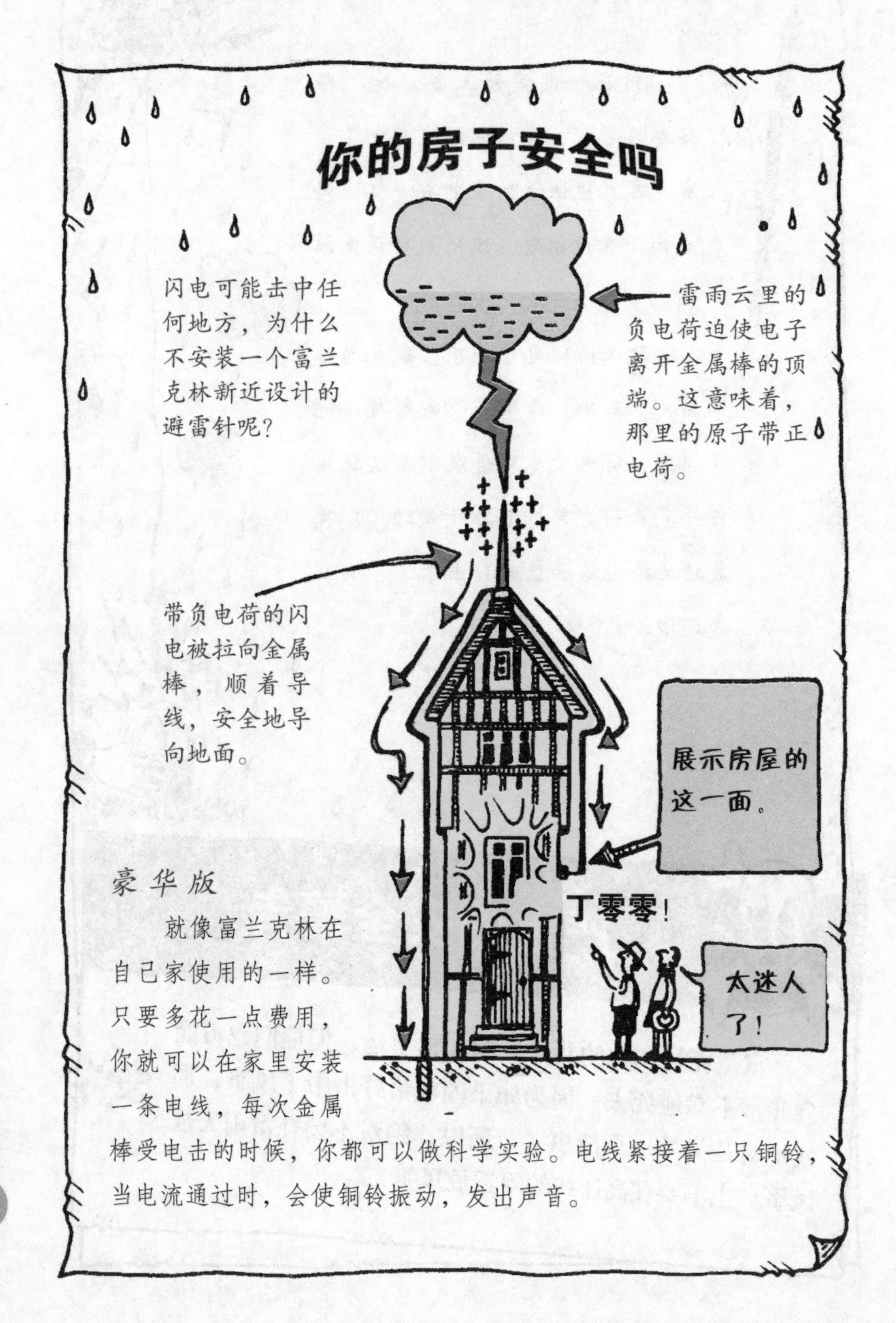

富兰克林的发现使他举世闻名。那个时候，英国还统治着北美洲。在1776年，富兰克林参与撰写了美国的《独立宣言》（据说，其他作者不得不看管好他，不让他写些愚蠢的玩笑）。后来，他被任命为美国驻法国大使，为新生的美国赢得了法国的支持。

现在我们再回来说闪电……

喝茶休息时给老师的难题

你喜欢吃水煮鱼吗？如果你不喜欢，在学校吃完饭后，记得剩下一些。

鼓起勇气敲敲教师休息室的门。当门吱吱地打开之后，你要甜甜地笑着，把这盘讨厌的鱼放到你老师的鼻子底下，问他：

答案

这取决于鱼离电击处有多远。你知道，电是可以在水中传导的。鱼如果处于电击处的附近，它会受到电击，水被加热，有可能把鱼煮熟。巨大的热量会把水变成蒸汽，发出巨大的爆炸声，在水下几千米外都可以听到。在附近的潜水者有可能会被震聋。

关于闪电的额外测验

这个测验很简单。实际上，你可以像全速前进的闪电一样通过。你要做的就是把数字加起来。

1. 世界上每秒钟有多少次闪电？ **答案：14+86。**

2. 一个人被闪电击中的最高纪录是多少？ **答案：第1题得数-93。**

3. 闪电比太阳表面的温度高。你知道高出多少倍吗？ **答案：第2题答案–1.5。**

4. 有记录的，一个单独的闪电击中的最多的人数是多少？**答案：第3题答案+11.5。**

1. 100次。幸亏不是在同一个地方。有人说，闪电从不在同一个地方打两次。不过，你知道吗？有的人遭遇闪电的次数比人均概率要多得多。

2. 7次。美国的公园管理员罗伊·苏利文被闪电击中过7次，每次情况都不相同，也不在同一天。这一定使他忙得不可开交。1942年那次，他失去了脚指甲（它一定是被飞快地切掉的）；1969年那次，他的眉毛被烧掉了；第2年，他的肩膀被烧坏；1972年和1973年那两次，他的头发着火了，他可以说："我的头发又没了。”1976年，他的膝盖被闪电击伤；1977年，他的胸部被烧了一下。我想，到这个时候，他已经习以为常了。

3. 5.5倍。闪电的温度可以达到30 000℃，而太阳表面的温度只有“微不足道”的5530℃。闪电可以熔化坚硬的岩石，这并不奇怪，我们说的不是你阿姨做的岩皮饼（它们倒是有可能完好无损）。

4. 17个人。1995年在英国肯特郡的一场足球比赛中，一些儿童和他们的父母共17人被闪电击中。没有人死亡，但有人受到严重的烧伤。

忽然想起来，安迪·曼怎么样了？他是不是也烧伤了？他是否还活着？让我们带上水果，去医院看看他吧。

安迪·曼的检查报告

关于安迪·曼有好消息，他正坐在医院的病床上观看电视直播的飞镖决赛。而坏消息是，他受了几处伤。

病历

绝对机密

姓 名： 安迪·曼

年 龄： 35岁

总体状况： 这个病人有严重的精神问题，他一直在大声抱怨一个名叫布佐芙的教授。

症 状： 看上去是被闪电击中了。

1. 衣服上有烧出的洞，两边的胡须有被燎过的痕迹。

2. 皮肤上有叶片形状的死肉，表明闪电是从什么地方进出身体的。

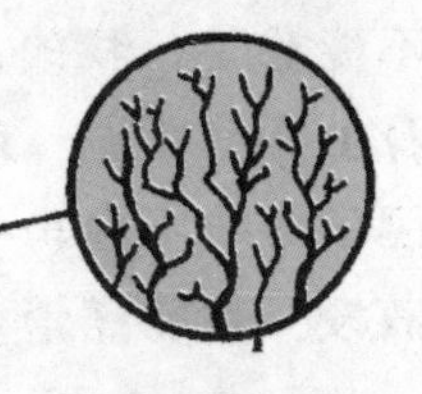

3. 由于闪电更容易从身体表面通过，而不是穿透身体，所以发生了这种情况：他的脚趾间有血，是闪电离开他的皮肤，进入土地的地方。尽管闪电有足够高的热可以杀死他，但通常情况下，由于闪电在身体上停留的时间极短，所以不足以造成致命的伤害。

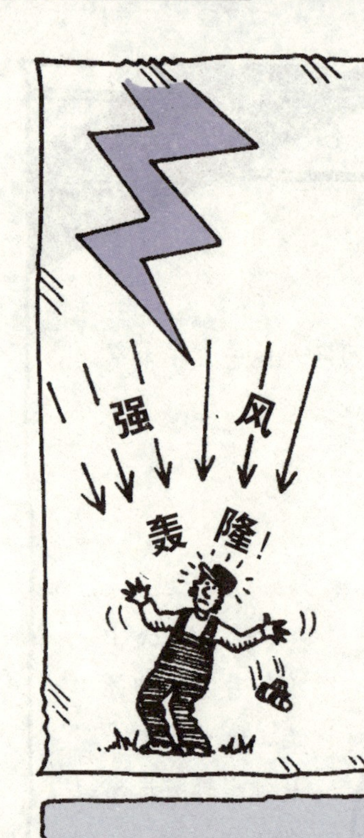

4. 病人曾摔倒，是闪电前面的超强气流把他吹倒的。所幸他没有骨折。

诊断：如果闪电真的从病人的身体穿过，闪电的冲击可以使他的心脏停止跳动，导致死亡。可是他幸运地活下来，只是需要全面恢复。

你接受教训了吧！电可以对人体做出恐怖的事。你想知道更多吗？好，如果你想了解更多恐怖的细节，继续读下去吧！

恐怖的电疗法

正如你所看到的，让巨大的电流从你的身体穿过可不是件小事。可是尽管如此，一些医生还是采用电疗的方法医治病人。你害怕了吗？你会害怕的。休息一下，广告之后，我们再回来。

关于电的广告

你睡不着吗？

在我们豪华的电浴缸里沐浴，你将享受到一系列控制得当的电击，助你轻松入眠。你所要做的就是舒服地坐在通了电的水里。

虽然这个疗法听起来令人惊讶，但是它绝对有效。

你正被便秘困扰着吗？

如果，你可以尝试一下这个独一无二的，疗程短、疗效好的电击疗法，你会像钟表走时那样准确地按时排泄。此疗法也适用于膀胱疾病患者。

小贴士

在19世纪90年代，电浴曾流行一时，但实际上一点用处都没有。另外，将发电仪器放进浴盆能够产生致命的电击。所以对你浴缸里的玩具橡皮鸭子好一点，千万别在家里试。

尽管这些疗法都是一文不值的，但是想出这些原始的电疗方法的动机却是可以理解的，想象一下你身体里有很多的电。

就像这些……

惊人的电档案

名称：人体中的电（生物电）。

基本特征：

1. 你身体里的电足够点亮圣诞树上的小灯泡。不过，不要把你的弟弟妹妹用电线拴在灯上来验证这件事。人体里的电主要存在于神经系统里。

2. 神经信号是由带正电荷的原子进入神经时发出的。

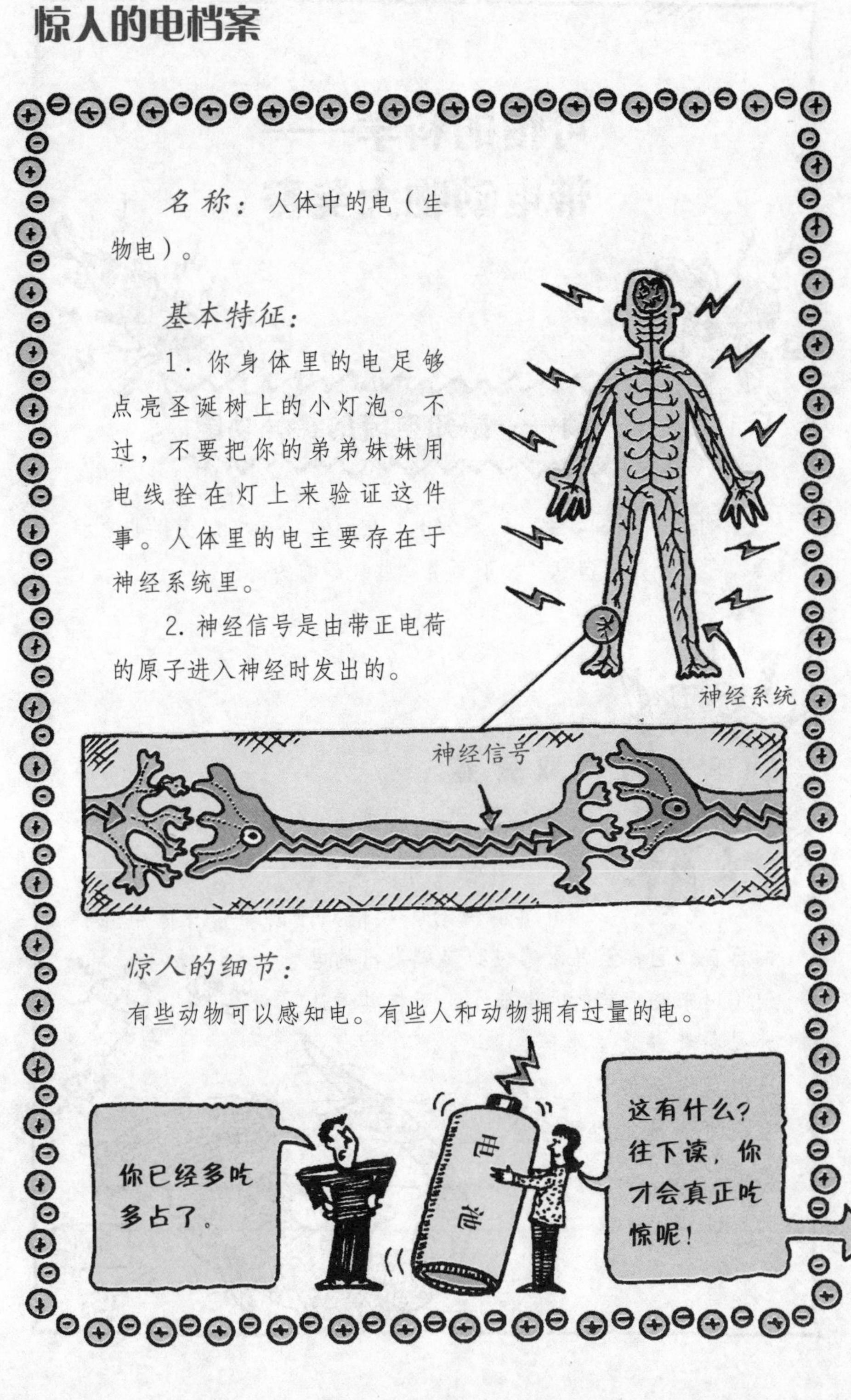

惊人的细节：

有些动物可以感知电。有些人和动物拥有过量的电。

可怕的科学——带电动物大奖赛

第一项——感知电流的特异功能

的确，有些动物可以感知电，但这可能使它们变得非常邪恶，那就不是好消息了。下面是一些最恐怖的例子……

季 军

双髻鲨

生活环境：温暖的海洋

双髻鲨可以感受到它的猎物神经中的电流的波动，这依赖于双髻鲨身体中独特的器官，它甚至可以感应到潜艇发出的电波（用来监听其他的潜艇），而将其误认为是猎物并攻击潜艇，这可就不大妙了。想想鲨鱼可能造成的严重后果吧。

亚军

并列亚军

蜜蜂

生活环境：除了南极洲以外的任何大陆

在它们毛乎乎的小身体上带有负电荷，这是它们在嗡嗡地忙碌着飞来飞去的时候，与空气原子摩擦产生的。

这些电荷可以帮助蜜蜂吸附花朵中带正电荷的花粉，你知道蜜蜂一直是吃花粉的。但是这常常会受到电动割草机的干扰。所以，蜜蜂常常会因此被激怒而去叮咬园丁。

并列亚军

响尾蛇

生活环境：美国南部

响尾蛇像叉子一样的舌头可以感觉出空气中带电的原子。这些原子可能是小动物毛皮上掉下来的，这些小动物对它来说可是一顿美餐。不过这些带电的原子也可能是从你的短裤上掉下来的，那就惨了。致命的响尾蛇可不管这些，它只想咬一口。要是你知道自己难逃响尾蛇的毒口，你还能保持镇定吗？

冠军

火蚁

生活环境：巴西

以及美国南部

火蚁可以感受到电，而且它们痛恨电（也许，它们对人类有些抵触），于是这些可怕的动物常常咬断电线。

它们还毁坏电脑，把插座咬成粉末，破坏交通灯，把你的微波炉搞得一塌糊涂。它们会潜伏在微波炉里面，在微波炉加热的时候，躲在冷的地方，而当你准备享用比萨饼的时候，它们就会猛地跳出来。

可怕的科学——带电动物大奖赛

第二项——电力大比拼

季军

杰奎琳·普利斯特曼

（99.9%的人类没有这种能量）

生活环境：英国

时间：20世纪70年代

电 力：牛津大学的一位科学家对杰奎琳进行了研究，发现她身体里的电超过正常人10倍。

特异功能：她可以不通过接触，就调换电视频道，并且使电源插座爆炸。由于不清楚的原因，她在吃了绿色蔬菜之后，就不再带电了。所以从这个角度来说，吃绿色蔬菜益处多多啊！

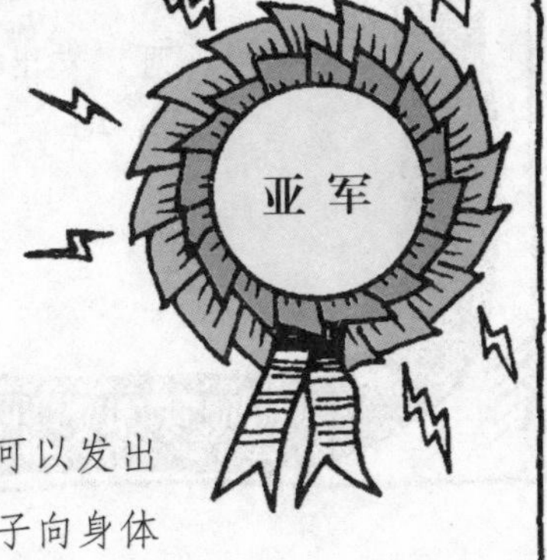

亚 军

带电的鲇鱼

生活环境：非洲河流

电 力：在皮肤下有一块特殊的肌肉可以发出350伏的电。这些电是由带正电荷的离子向身体的一端运动产生的，由此产生向同一方向运动的电子流动，也就是电流了。

功 能：它们所带的电足够杀死一条鱼，但是古代的埃及人依然喜欢吃它们。你想冒着被电击的危险吃它吗?

一些惊人的急救方法

想象你的老师真的受到电击，你将怎么做？从下面的内容中你将学会：

那么你该怎么做？是的，你总该做点什么……

呃！

1. 关上电源。记住！如果在这之前你接触你的老师，你也可能受到电击。

2. 即使关上了电源，也不要碰他——因为你还是有可能受到电击。要用橡胶或木头之类的东西，例如木尺，把电线挑开。

3. 叫救护车。火花先生需要彻底的休息和检查。好了，看样子你可以早点放学了。看在你救了他一命的分儿上，本学期余下的时间，你可能不需要再做作业了。多好的梦啊……

你肯定不知道！

如果受害者手里拿着带电物体，他手上的肌肉会收缩以至于无法松开手。据说，有一次一位流行歌星正拿着麦克风演唱时，麦克风漏电使他遭到严重的电击。他不能甩掉麦克风，只好在舞台上大叫。而所有观众都认为这是演出的一部分。

拥有一颗不断电的心

人体中最重要的电是控制你心跳的生物电信号（类似神经信号）。它由位于心脏上部的一个特殊区域发出的，能使心脏肌肉有规律地收缩。

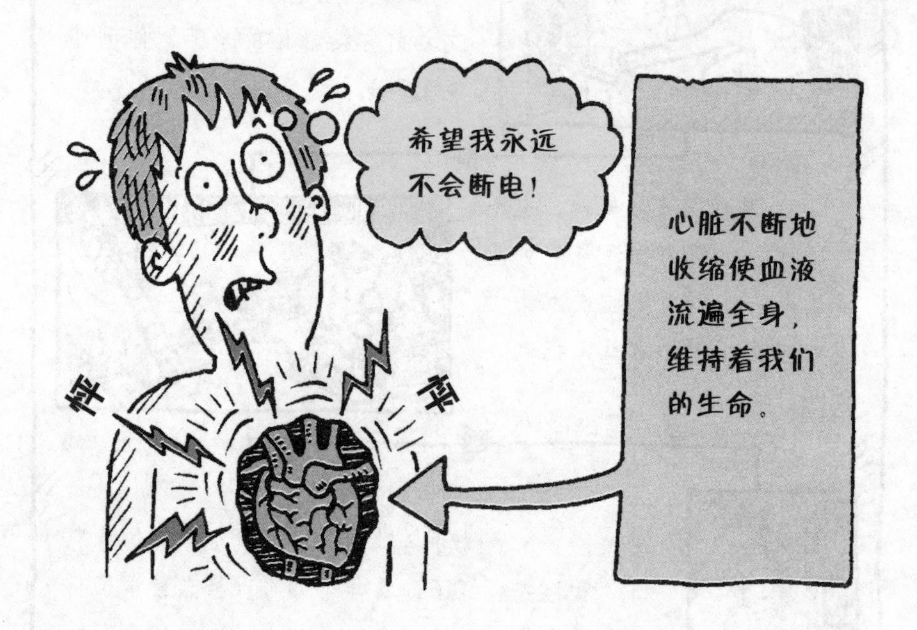

荷兰科学家威廉·艾因霍温（1860—1927）在1903年发明了一个妙不可言的新玩意儿叫作心电图仪，可以监视心脏的运动。放在胸上的金属电极，可以获取从控制心跳的神经信号发出的电脉冲，脉冲通过一条连接磁铁两极的电线，使电线微微地弯曲。这台仪器将这种弯曲以图形的方式显示在屏幕上。

如果正常的心跳节奏中断了，那么绝对是坏消息。这在医学上叫作心室纤颤。心脏像受伤的小鸟一样，无规律地断断续续跳动着，停止正常血液供应。血液带给人体必需的氧气（人的肺从空气中获取的一种气体），没有氧气，人体几分钟之内就会死亡。而造成这种恐怖的情况，也可能正是由于电击造成的。

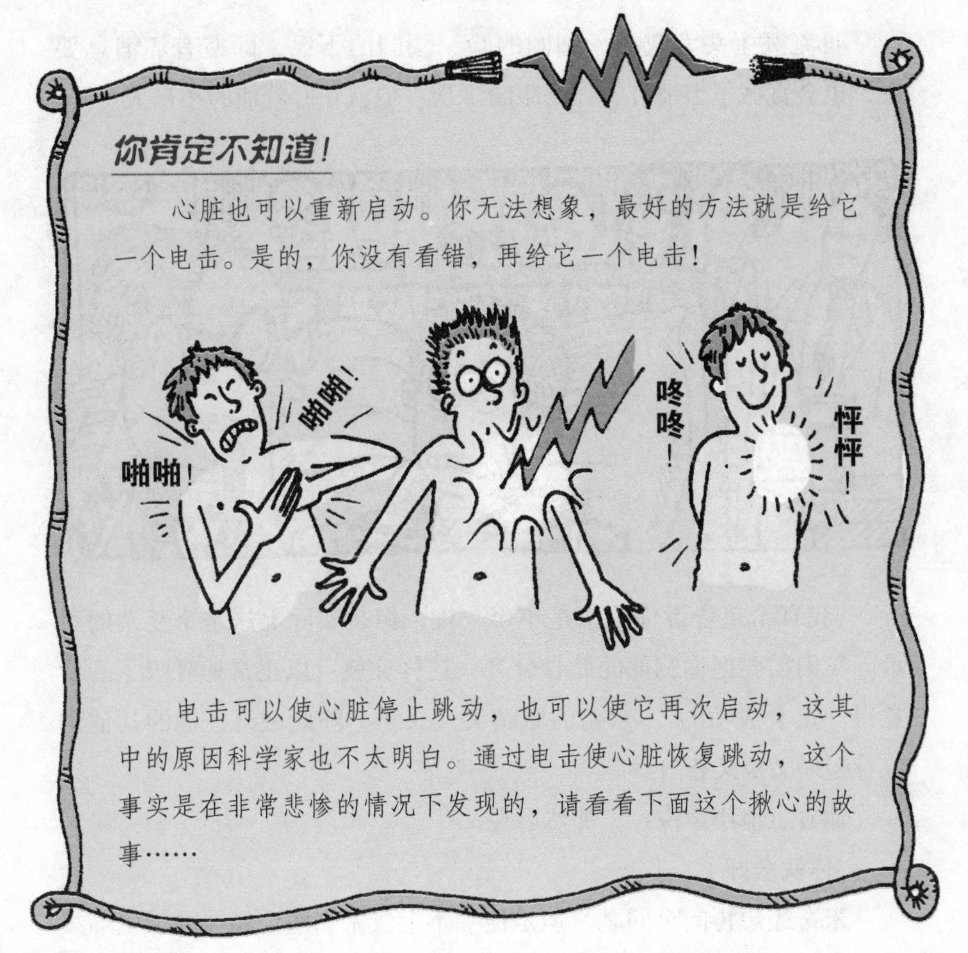

电击心脏

1947年　美国亚利桑那州

“我们这里有个有趣的病历。一个14岁的男孩几年以来胸部一直没有发育，不能像正常人一样呼吸。我是不是说得太快了？”

首席外科医生克劳德·贝克看了一眼正在做笔记的医学院学生。学生们正跟着他做病房晨检，就像一群白色的海鸥跟随着一艘渔船。

贝克医生头发灰白，圆圆的脸，圆圆的下巴，即使有坏消息要说，也会直截了当地盯着你的眼睛。现在他就在盯着他的小病人。

“我真希望告诉你手术是小事一桩，但是实际上这是个复杂的手术。我们需要把你胸部的肋骨分开，这样你就可以正常地呼吸了。我觉得一定会成功的。”米奇的眼睛又大又黑，除此之外，他的其他部位看起来又瘦又苍白。

他着急地小声说：“那然后呢？”

“你就全好了！”

米奇还想再问个问题，但是他喘不上气来。医生和他的学生继续向前走。过了一会儿，米奇向一位护士问起贝克医生。

“米奇啊！贝克医生可是个真正的专家。他真的非常聪明，他发

明了一台使用电击重新启动心脏的仪器，叫做除颤器。他用狗做了很多次的实验。所以你不用担心，你遇到了一位好医生。”

贝克医生确实在努力实现他对米奇的承诺。手术进行得很顺利，两个小时之后，米奇的肋骨被分开了。最棘手的部分完成了，贝克医生舒了一口气，再仔细地将伤口缝好。没有任何征兆，米奇的心脏突然停止了跳动。处于麻醉状态中的男孩轻轻地叹了口气，似乎他的生命结束了。

没有时间去想，几秒钟之内就要采取行动。

“马上拿强心剂！”贝克医生抓起一把手术刀，顺着缝合的伤口把线划开。他只有一件事可以做，一个可怕的选择。他把骨头和肌肉分开，抓住男孩的心脏。心脏颤抖着，像热乎乎带血的果冻。

“心室纤颤！”他说道。他轻轻地将心脏在手上挤压，希望心脏可以重新跳动供血，希望男孩可以起死回生。整整35分钟，贝克医生用刺激肌肉的药物给心脏做按摩，但他知道这只是在拖延时间。办法只有一个。

“快去拿我的除颤器，”医生命令道，“我需要电击心脏！”

他看了一下脸色苍白、神情紧张的麻醉师。她一直在摇头。

“我们从来没有用在人身上，只是拿狗试过！”她抗议道。

“我们一定要试试！”贝克医生绝望地说，“否则……”

搬运工很快将接有大量电线和标度盘的仪器推了过来，插上电源。

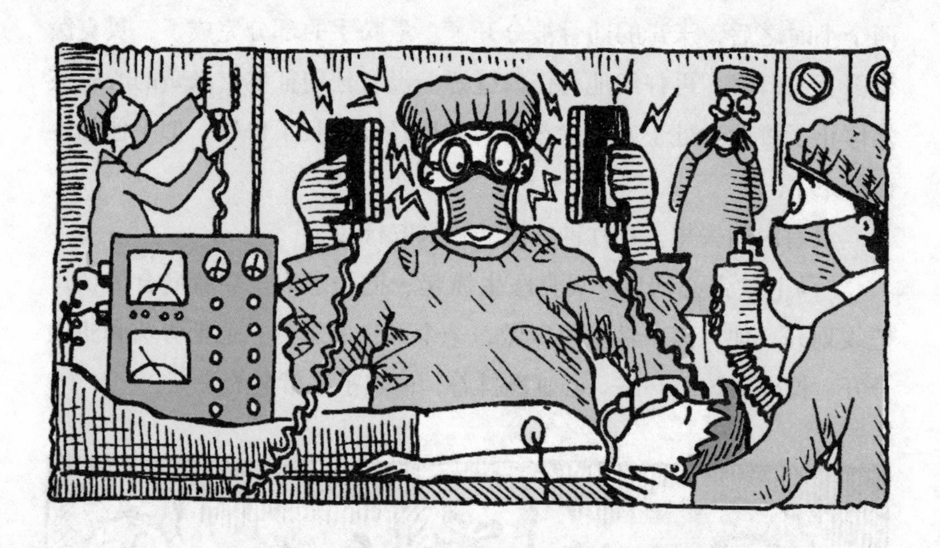

贝克医生将金属的电极板放在男孩的心脏上，接上1000伏的电。电极板在他的手底下跳起来，但是心脏依然静静地没有反应。

护士喊道：“我们救不了他了！”

汗水顺着贝克医生的前额流到手术口罩里。他再一次在手中挤压湿滑的心脏。令人痛苦的25分钟过去了，他的手臂生疼，可是他不敢停下来。更多的药物被注射进心脏，但心脏依然一动不动。贝克医生想，也许还不如放弃算了，因为他自己也快坚持不住了。但有种信念支撑着他继续进行下去。

“再试一次！”医生顽强地说。他用颤抖的手将电极板放在男孩的胸口。“再放一次电，时间再长一点”，1500伏的电量使电极板跳了起来。

很长时间鸦雀无声。

“成功了！”贝克医生说道，声音沙哑，如释重负。

男孩的心脏起伏跳动，就像什么事情也没有发生过。全体医护人员一下子欢呼起来。

那天的晚些时候，米奇坐在病床上。

他向护士抱怨道："我饿死了。这儿的饭菜真恐怖！"

护士眼里闪着幸福和宽慰的目光，她笑着说："米奇，我现在才可以平静地说，我们都曾度过了一段恐怖的时光。"

惊人的医学发明

1. 贝克医生的除颤器后来成为医院的必备仪器，救治了成千上万的生命。1960年，美国医生发明了使用电池做电源的仪器，可以使用在救护车上。现在，还有更小的仪器能够植入人的身体内部，如果心率失常，这个仪器可以给心脏注入细微的电流。

2. 心脏起搏器是类似的装置。像植入体内的除颤器一样，它靠体外的电池运转，但是它产生有规律的持续电击，使心脏保持正常跳动。1999年，医生们将一块像50美分硬币大小的起搏器植入一个出生才3个星期的婴儿体内，帮助其心脏跳动。

3. 1995年，医生们给一位英国妇女安装了一台使用电池的仪器，帮助她站了起来。这个妇女的部分神经系统在一次车祸中受到损坏，这台仪器可以向她没有受损的那部分神经发出电的信号，以带动她的肌肉运动。

你注意到这些发明有什么共同点了吗？我给你一点提示：是金属的，充满了化学物质，产生能量。不！不是一听冒泡的饮料！是电池，没有它，所有的机器都将是废铜烂铁。巧的是，下一章就是讲电池，为什么不读下去呢？读的时候，你可以坐在沙发里伸展四肢，保证可以给你的“电池”充足电。

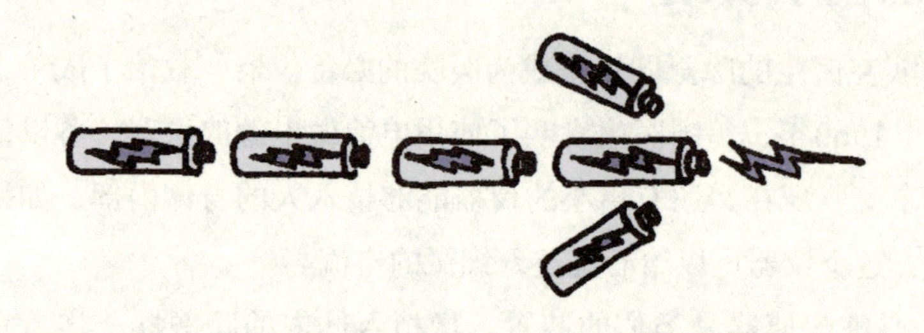

鼓鼓囊囊的电池

还记得那些在恐怖岛上的小孩吗？我敢说他们一定在想当初要是带着电池来就好了。电池可以储存电。装上电池，你就可以使用手电筒、收音机和玩具汽车，以及那些会走路，会说话，会哭，还会撒尿的洋娃娃，你想要干什么都可以。但是电池又是如何工作的呢？

喝茶休息时给老师的难题

你所需要的是一个电池和带着坏笑的嘴。敲敲教师休息室的门，门开了以后，拿着电池问：

你的老师一定会说："小傻瓜，这是电池！"然后，你可以悲哀地摇摇头说：

是的，电池的准确名称应该叫“干电池”。因为现在电池里面的化学物质是糊状的，而不是像最早的电池那样是液体的。“电池”一词的意思，实际上是一些为了产生能量而合并在一起的小室。不过我们在日常生活中一般都用“电池”这个词。

惊人的电档案

可怕的科学名人堂

鲁伊基·伽伐尼（1737—1798）和亚历山德罗·伏打（1745—1827） 国籍：意大利

这个故事是讲两个意大利科学家，开始是朋友，后来变成死敌，但是在各自的研究中都对电学做出了巨大的贡献。

伏打的故事……

这个聪明的孩子的老师是教士。老师们非常欣赏他的聪慧，便用糖来引诱他，想使他成为教士。

但是伏打的父母不希望自己的儿子成为教士，所以把他从学校接走了。（如果所有的家长都这么通情达理该多好！）年轻的伏打对科学很感兴趣，他先是在科莫当一名科学教师，之后成了帕维亚大学的教授。

伏打发明了一只用静电产生的电火花击发的手枪，电火花可以点燃枪里的沼气，使子弹射出去。从此，他开始对电发生兴趣。还记得沼气吗？在放的屁和腐烂的垃圾里面发现的气体。哦！不！你不能用爆炸的屁去射击敌人。

伽伐尼的故事……

伽伐尼从小学医，之后一边行医，一边在博洛尼亚大学讲授药物学。他先后对骨头和肝脏进行过研究，但是没有取得任何令人瞩目的成就。

但是在18世纪80年代，他开始对神经产生兴趣，并且取得了重大的突破。下面是伽伐尼和他的老朋友伏打之间的书信（当心，这些信也可能是伪造的）。

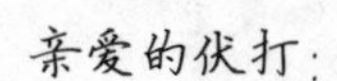

亲爱的伏打：

你一定猜不到发生了什么！你知道我正在研究神经，当我切一只青蛙的腿的时候，怪事发生了——有一个火花闪过，而且青蛙的腿抽搐了一下。

我检查了一下，青蛙确实已经死了。奇怪的是，蛙腿只是在你用金属物品碰的时候才抽动，其他的东西像骨头和玻璃都不起作用。因此我做了一个实验，将一些青蛙腿用铜钩穿上，挂在我实验室窗外的铁栅栏上，你知道发生了什么？

青蛙腿轻快地跳动，像一队高高踢腿的跳舞者。邻居的猫都被吓坏了！

我认为青蛙的肌肉里带电，顺着金属可以形成电流。我想，这个电是生命本身就带有的。我的一些同行已经在尝试着用电击使死人起死回生，现在还没有什么进展。尽管如此，我还是非常激动，实际上，我都像被“伽伐尼兹”——激发了能量似的。

你的朋友 伽伐尼

1780年于博洛尼亚大学

注 释： 激发能量——“伽伐尼兹”（galvanized）这个词就是因为伽伐尼（Galvani）的实验而产生的，意思是获得突然起伏的能量。你可以想象，伏打也是被激发了能量之后，才开始进行他自己的实验的。

亲爱的伽伐尼：

你的发现确实有趣，不过很抱歉，我不认为你关于身体中的电的观点是对的。我也尝试了给活着的青蛙电击，青蛙抖动了，但是没有跳起来。我问自己这是为什么。我决定研究一下电是否可以使我们的感官工作。因此，我给我的舌头、

眼球和耳朵接上电，看看我是不是可以尝出、看见或听见一些东西。可除了疼痛之外，我什么也没感觉到。

忽然我想到，事实应该是这样的，是你使用的金属器械之间产生了电流，而电流通过青蛙的腿使它抽动。于是我做了下面这个实验，在两块金属之间产生了电流……

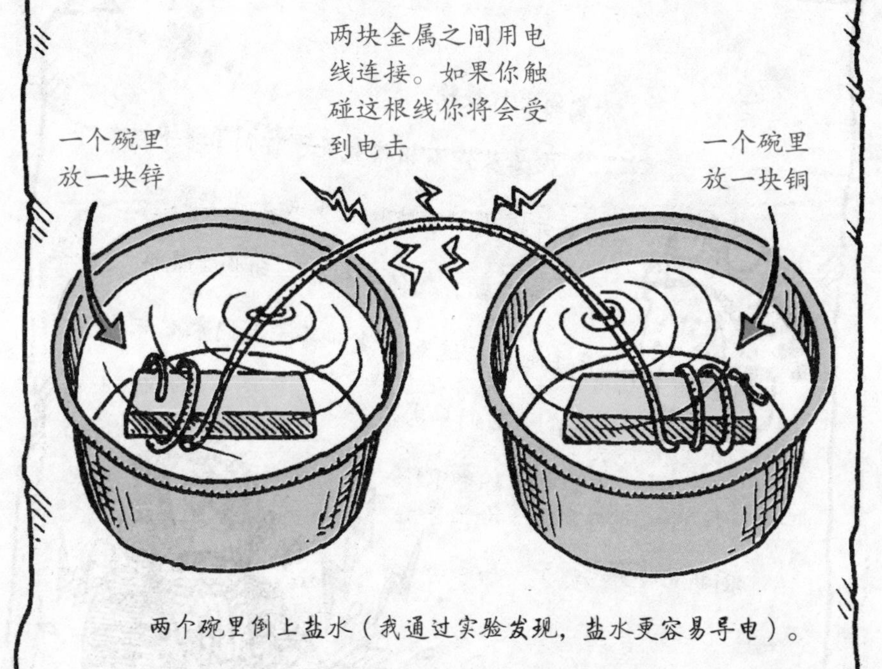

两个碗里倒上盐水（我通过实验发现，盐水更容易导电）。

所以你看到了……

你的朋友伏打

科学便条

1. 伏打说的是对的。人体里面以及任何动物（包括青蛙腿）里面有大量的盐水，电可以在里面传导。但是伽伐尼也不是全错了，神经确实发出了一种电的信号（如果你不相信我说的，请回去看看第79页的内容）。

2. 关于伏打的实验，伏打也是对的。电子从锌流向铜，形成了电流。但是伽伐尼对此并不“感冒”。

亲爱的伏打教授：

你怎么能不相信我呢？你简直是在折磨可怜的小青蛙！至少我是在它们死后才做实验。我仍然相信，动物是能够产生电的，这点我没有错。我们来看看鲇鱼，它们确实产生了电，不是吗？你一定不好受了！

固执的伽伐尼

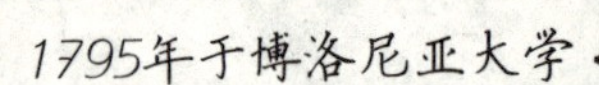

亲爱的呆头青蛙：

你大错特错了！我可以轻易地证明。我完成了一个感觉器官的实验。把一个金属硬币放在舌头上，再把另一个放在舌头下面，我感到一阵刺痛和一种恶心的味道。我惊呆了！我意识到金属产生了电，我想我可以发明一台机器来干这个活儿，并且从头到尾证明你是错的。我叫这台机器“伏打的电流棒”，好名字吧？

用电线从上端连接到下端，你就可以看到电火花。

叠放越多的盘，你就能得到越多的电能。

你可以拿着你的青蛙腿滚开了！

伏打

1799年于帕维亚大学

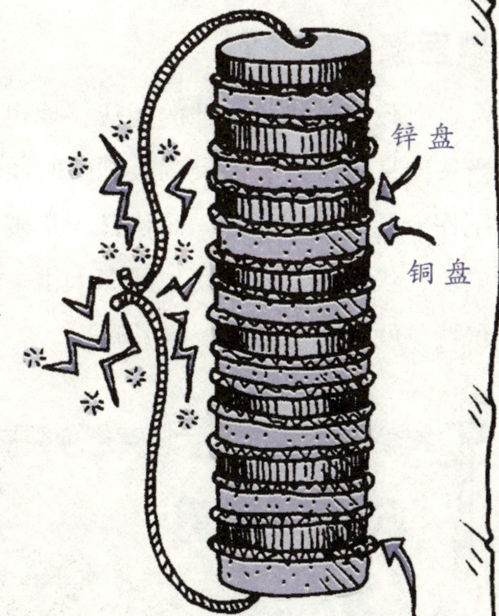

科学便条

伏打又对了！盐水里的一系列化学反应使得锌带负电荷，而铜带正电荷。电子在盐水里从锌流向铜。这是人类历史上第一块电池（5分钟之后，它就变成世界上第一块没有电的电池）。

带正电荷的铜原子将电子向铜的方向拉，这样电流就产生了。

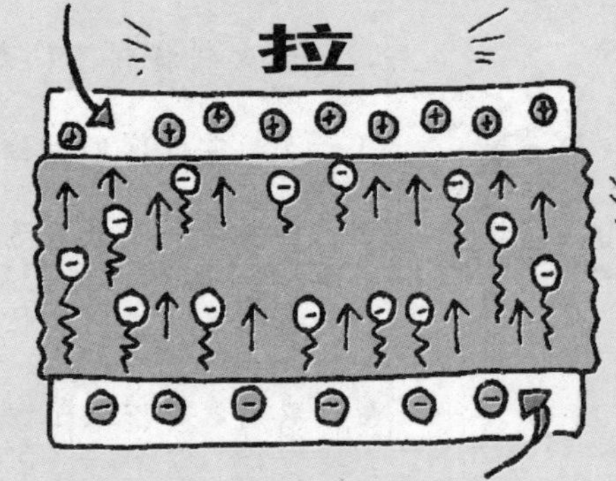

最后怎么样了?

伽伐尼从未放弃他的想法，他也没有原谅和他意见不一的伏打。当法国皇帝拿破仑占领意大利的时候，他因为不支持法国人而丢掉了工作，最终郁郁而终。而伏打与拿破仑关系很好，拿破仑甚至封他为伯爵，伏打的发明也使他闻名天下。现在，用来衡量电能的单位——伏特，就是用他的名字命名的。

你肯定不知道!

伏打的发明的缺陷在于，被盐水浸湿的硬纸板会逐步变干。我们现在熟悉的电池（还记得吗？是干电池）是在1865年，由法国发明家勒克朗赛（1839—1882）发明的。它将一些化学物质混合，经过化学反应，使电子从里面放置锌的地方流向碳棒。

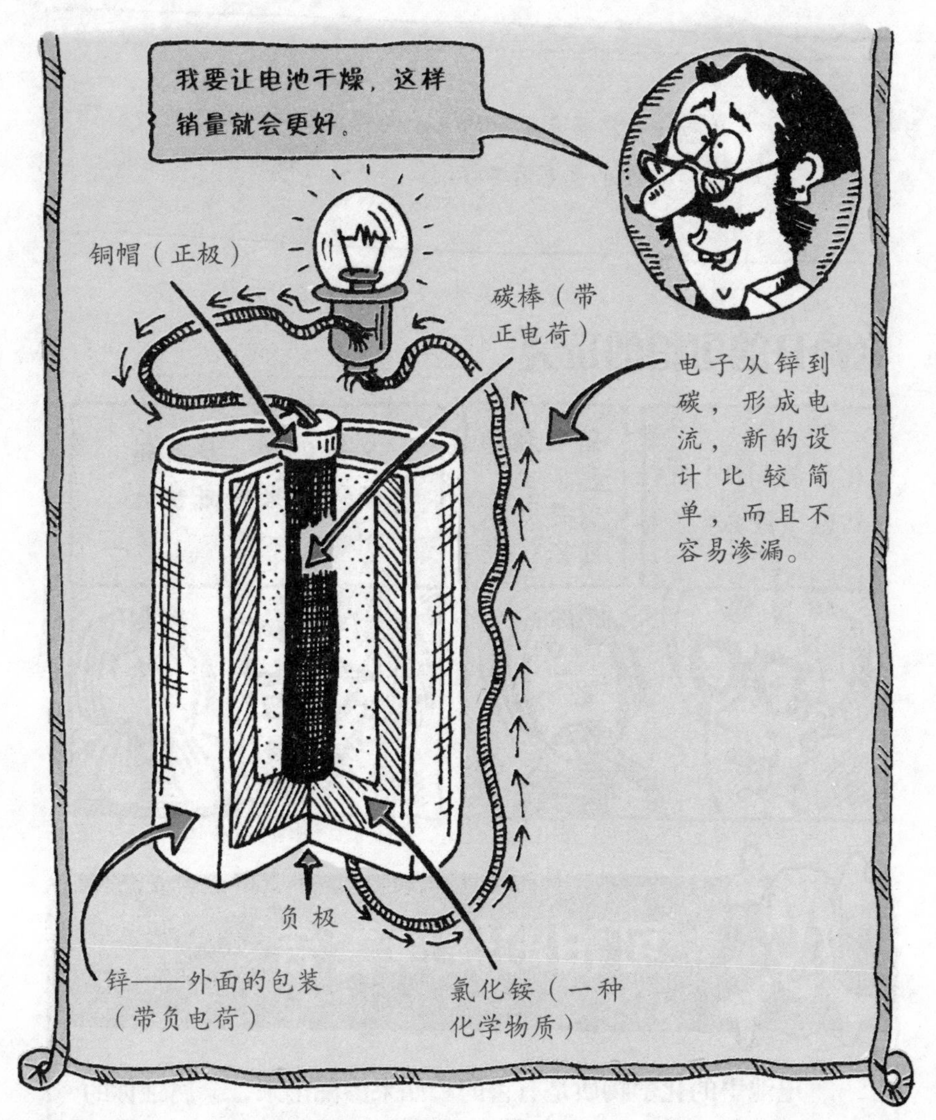

你能成为一名科学家吗？

在手电筒里面，电池是怎样工作的？好的，你可以自己试试，或者思考一下从下面选出正确的电子流动方向。

a）正极向正极。

b）负极向负极。

c）负极向正极。

答案

c）。你应该记得带负电荷的电子向带正电荷的原子流动。所以为了产生电流使你的手电筒工作，你应该将负极和正极接起来。

老师开的可怕的玩笑

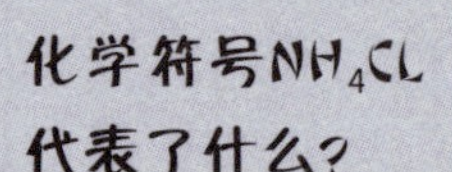

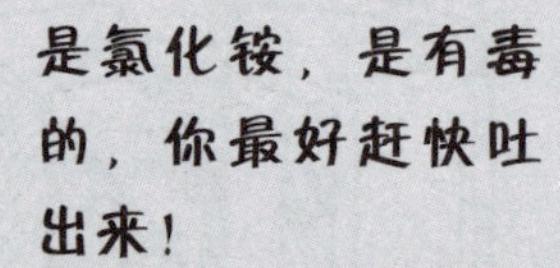

可怕的健康警告

电池里的化学物质是有害的。如果渗漏出来，会腐蚀你的皮肤。把旧电池扔进分类垃圾箱里（不要扔在火里），或者是重新充电。但是千万不要切开，否则你火热的好奇心可能会把你的内衣点着的。

出色的电池

电池的独特优势在于你可以随时随地使用它，在海滩上，在汽车里，在卫生间里面。你还可以选择各式各样的电池，它们都是通过不同的化学物质产生电子，然后再产生电流的。

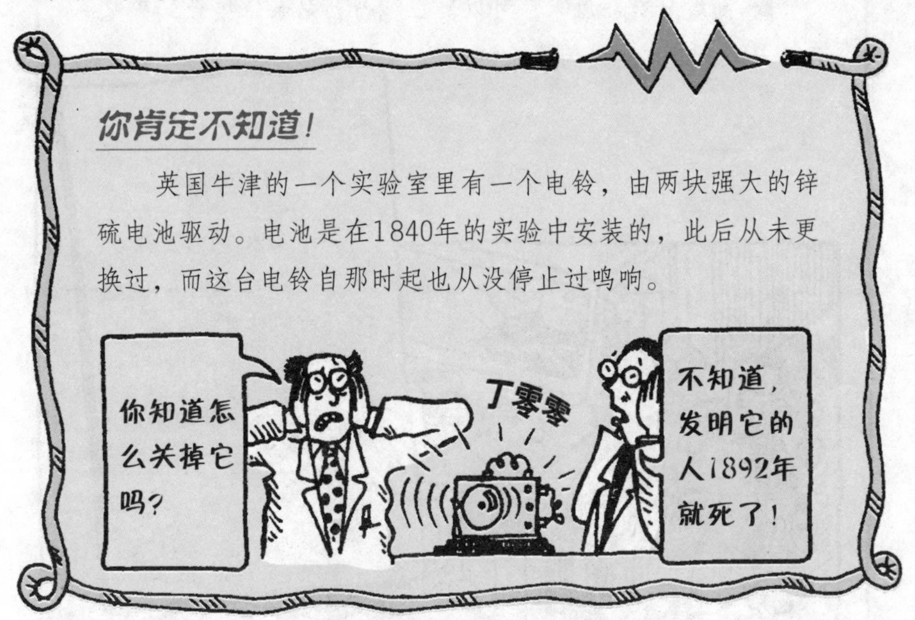

以电池做动力的最有趣的机器之一是电池动力汽车，这可不是玩具，是真的汽车。现在，科学家已经发明出能够行驶201千米而不用充电的汽车，速度可以达到每小时129千米。（不，你不会收到这么一个生日礼物。你还太小，不能开车！）早在1985年，就有这么一款电池车隆重上市，你会买一辆吗？

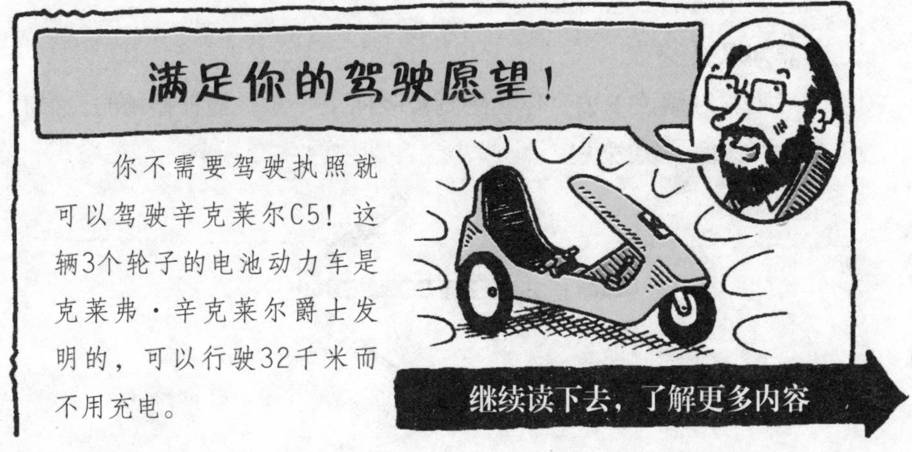

继续读下去，了解更多内容

▶ 如果它没有电了，你还可以用脚踏方式把它骑回家。

▶ 高度只有79厘米，可以真正地与公路亲密接触，享受一下与大卡车近在咫尺的快乐吧！

正如你看到的，在产生电流推动物体运动方面，电池是很好的选择，就像辛克莱尔C5这样。但是在辛克莱尔C5的电动机里面，以及所有其他的电动机里面，还有另一种动力。

它是由我们的老朋友——电子产生的。

想知道更多吗？

好吧！继续读下去，你会感到被吸向下一章。神神秘秘的，很有吸引力，就像一块磁铁！

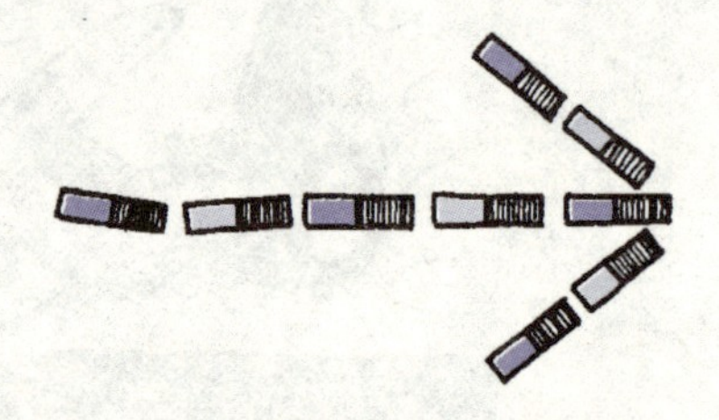

神秘的磁力

你是不是觉得这本书很难放下？我想是这些纸产生的吸引力吧！如果你能让自己读完下面几页，你会发现什么是磁力，它又是怎么产生的。让我们一起来看看吧……

惊人的电档案

名称：磁力。

基本特征：

1. 磁力由磁铁产生。（你拿鸡毛掸子打我吧！）

2. 我们所说的磁力实际上和电子产生的电力是同一种力，这就是为什么有个时髦的科学名词叫作“电磁力”。

3. 这就是说每个带电子的原子都有微小的磁性。

惊人的细节：

如果原子都是有磁性的，而原子又无处不在，那么，为什么不是所有东西都是有磁性的呢？早晨，你怎么就不会被粘在床上呢？（你不是粘在床上，而是赖在床上。）

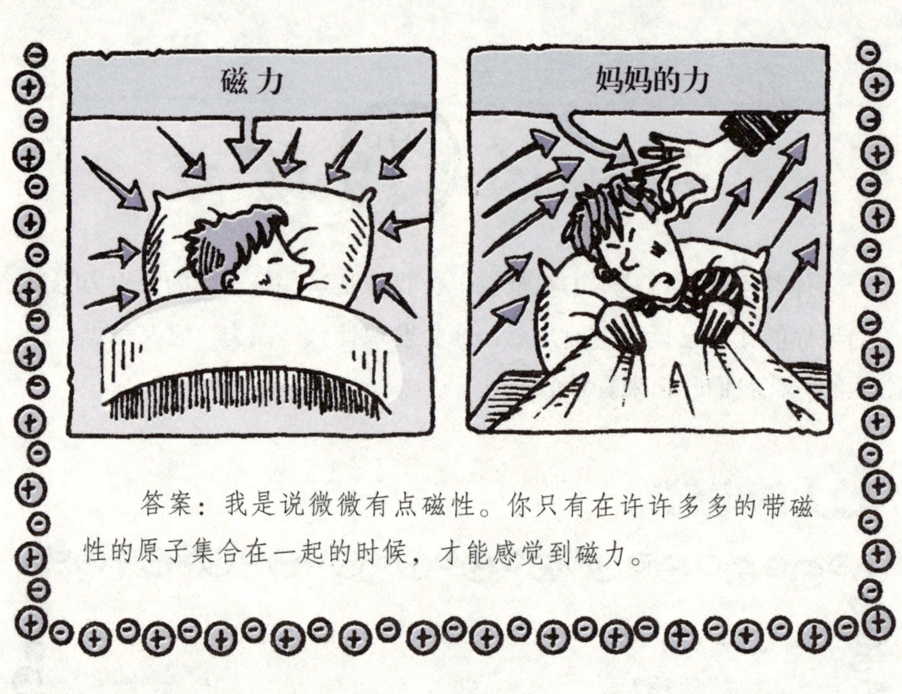

答案：我是说微微有点磁性。你只有在许许多多的带磁性的原子集合在一起的时候，才能感觉到磁力。

磁力的真相

那么，你怎么将这些原子集合起来呢？我想，你需要一把镊子和许多的耐心，就算如此，你也永远干不完。

言归正传：你要是知道在磁铁里面，原子的集合是自然而然就完成了的话，你一定会很高兴的。

1. 在磁铁里面，原子排列成一个一个的小盒子（大约0.1毫米宽），叫作磁畴。在这些小盒子里，电子将它们的力量集合起来，成为我们所说的磁力。

2. 磁铁有两端，分别叫作南极和北极。

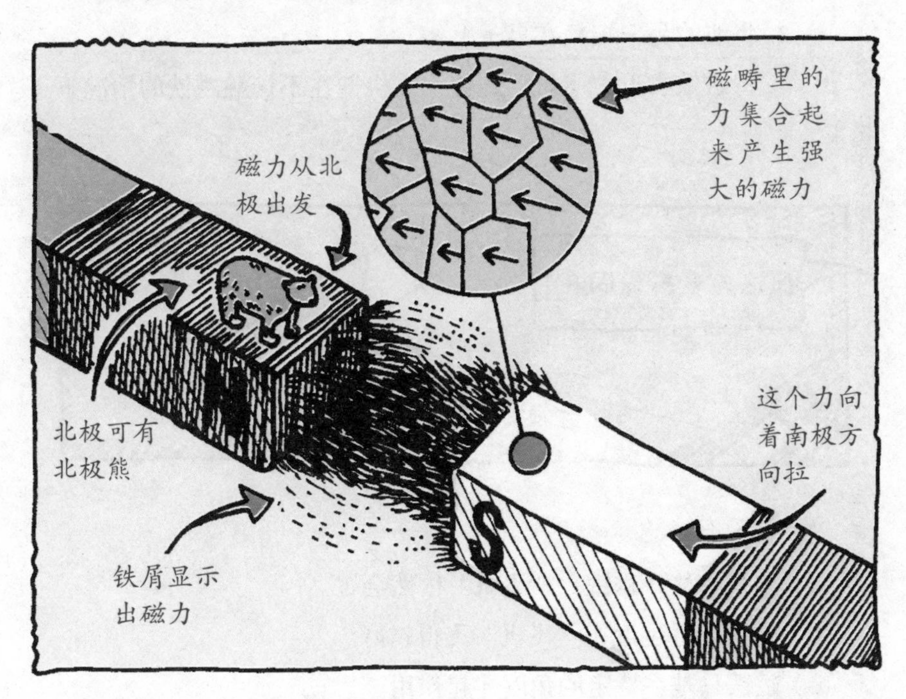

你敢去实验怎样制作磁性飞机吗?

需要的物品：

- 一片薄纸（2厘米×1厘米）
- 黏胶带和剪子
- 一个大头针
- 一块磁铁（磁性越强越好，你也可以并排使用好几块）
- 一条30厘米长的线

需要怎么做：

1. 将大头针别在纸上，让它看起来像一架小飞机（纸就是它的翅膀）。

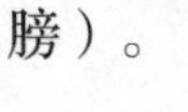

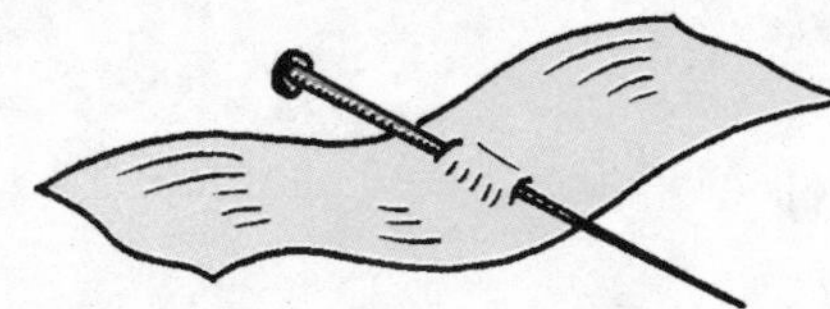

2. 将线拴在大头针的头上。

3. 将线的另一端粘在桌子上。

4. 将磁铁靠近“飞机”，使“飞机”在不接触磁铁的情况下飞起来。

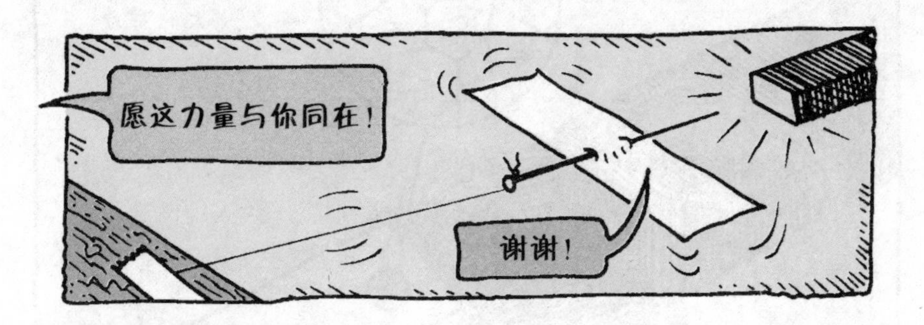

发生了什么？

a）如果我移开磁铁，“飞机”依然会飞。

b）磁铁靠得越近，“飞机”飞得越好。

c）磁铁只是在特定的角度才起作用。

答案

b）。离磁铁越近，磁力越大。磁铁周围受影响的区域叫作“磁场”。

你敢去实验在水下磁力是否也能起作用吗?

（做这个实验，你并不需要一套潜水服。）

需要的物品：

- ▶ 一杯水
- ▶ 一块磁铁
- ▶ 一个曲别针

需要怎么做：

1. 将曲别针放到水里。

2. 将磁铁贴着玻璃杯拿好。

3. 试着在玻璃杯外面，用磁铁将曲别针移动到杯口，不能接触曲别针，也不能将磁铁弄湿。

发生了什么？

a）太容易了！

b）我根本不能移动那个曲别针。

c）只有当我在水面上拿着磁铁的时候，曲别针才移动。这说明磁力可以透过水，而不能透过玻璃。

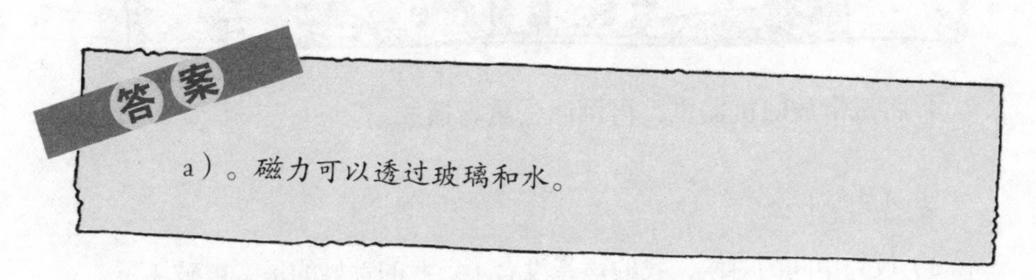

a）。磁力可以透过玻璃和水。

你敢去实验磁带是如何工作的吗？

你知道不知道，录音机就是用磁力工作的，是真的。我们再来做个美妙的实验……

需要的物品：

- 一盘磁带
- 一台录音机和一个麦克风
- 一块磁铁

需要怎么做：

1. 对着麦克风说话，说什么都无所谓。为什么不把农家院里的动物都招来呢？

2. 够了，这样就够了，那些动物都被你吓坏了！现在倒带播放，在你录音的中间停下来。

3. 将磁带取出来，用磁铁在磁带面上来回扫4次。

4. 将磁带放回机器里，再倒回去重新播放。

发生了什么？

a）放到中间的时候，我的声音没有了。我的美妙的录音被破坏了。

b）磁带的声音比以前更大，邻居都有意见了。

c）我的声音听起来像外国人了。

答案

a）。麦克风将你的声音变成电子脉冲，再由磁铁变成电磁信号，之后再将磁带表面微小的金属化学物质重新排列，形成了录音。听起来很简单吧！你的磁铁干扰了这些化学物质，所以你的录音没有了。

可怕的健康警告

你可千万别打算用你爸爸妈妈收藏的古典音乐的磁带来做这个实验，想都不要想！太迟了？你已经干啦？小心啦！你的父母可能会用磁铁来吸你口袋里的零用钱了。

关于磁力的小测验

1. 有些加拿大的硬币是有磁力的。（对／错）

2. 磁力可以用来吸骨髓中患病的部分（那种果汁状的粉色的东西，狗喜欢吃）。（对／错）

3. 一块超强的磁铁可以将眼球从你的眼眶里吸出来。（对／错）

4. 磁力可以在电脑上储存信息。（对／错）

5. 在西伯利亚，人们捕鱼的时候，先将大块的铁屑扔到湖里。当鱼把铁屑吃掉以后，人们就可以用磁铁抓鱼。（对／错）

6. 你学校的电铃里面或者火警铃里面有磁铁。（对／错）

7. 磁力可以推动一辆实际大小的火车。（对／错）

答案

1. 对。加拿大的硬币是由金属镍做成的，有天然磁力。

2. 对。20世纪80年代中期，英国科学家发现了治疗患病骨髓的方法，将包上了磁性物质的化学药品注入骨髓。这些药品粘在骨头里面患病的部位。这时就可以用强磁铁将损坏的部分一小块一小块吸出来。你还饿吗？

3. 错。人的眼球是没有磁性的，但是在眼睛受伤后，可以用磁铁将眼睛里的金属碎片吸出来。

4. 对。例如，一张软盘储存计算机数据就像磁带一样，通过带磁性的化学物质在表面记录。所谓“读取”就是计算机将存储器硬盘上的磁脉冲信号转变成电子信号。硬盘就是由一系列存储信息的磁性碟片组成。

5. 错。

6. 对。每堂科学课结束时叫醒你的铃声，就是由锤子撞击铃铛产生的。当有人按动按钮使电铃通电，电流就在铃铛中产生巨大的磁力，铃铛里面的磁铁就开始猛拉锤子。

注释：英文中“戒指”和“铃声”这两个词的拼写都是Ring。

7. 对。日本和德国已经发展了磁悬浮列车。运用强大的磁铁，列车浮在铁轨上。在列车滑行的时候，强大的磁铁产生电子在下面的铁轨上移动。这样产生的电流可以产生巨大的磁力，推动列车前进。想得到一个这样的生日礼物吗？

一个具有说服力的故事

磁铁的应用已经有很长的历史了。传说在公元前2500年，一个中国的国王就曾经使用一块有磁性的石头（又叫天然磁石），带领军队从大雾里走出来。据估计，他可能是将石头敲下一片，吊在一根线上。

天然磁石本身就有磁力，因此敲下的一片会指向北方，可以被制成指南针。中国科学家和天文学家沈括（1030—1093）在1086年就提

到过指南针。

中国的航海家在海上航行的时候，用指南针确定方向。这项技术不到100年就传到了中东和欧洲。虽然海员们使用指南针得心应手，可没有人愿意花精力做磁铁的实验，直到一名叫威廉·吉尔伯特（1540—1603）的医生出现。

神奇的威廉

关于威廉的早年生活，我们知道得很少。只知道他是学医的，后来成为英格兰女王伊丽莎白的御医。

但是两年之后，女王去世了，看来威廉开的药也没起作用。不过，他的确是第一个以科学的方法研究磁铁的人。例如，当时的人们认为，用大蒜在磁铁上摩擦，蒜的气味会把磁性消除（听起来很有道理，其实蒜味只能对你的朋友起作用）。而威廉发现情况并非如此。

威廉对指南针总是指向北方感到很惊奇，想弄清这是怎么回事。最后，他认识到地球本身就是一个大磁铁。他将指南针的指针放在一根小棍子上，指针当然还是指北，但是略微向下了一点，这表明磁力应该是来自地球上更北的地方，他猜测地球就是个大磁铁（他的猜测是正确的）。

关于地磁的五点知识

1. 地核的周围围绕着熔化的金属液体。你如果想伸手去试试，你一定会被压扁和烧伤的，幸亏还没有人能到达那么深的地方。

2. 金属液体汹涌沸腾，许多巨大的电子团产生巨大的电能和磁力。

3. 磁力从南磁极的地面出来，扫过地球表面，从北磁极的地面进去。

4. 你没有看错，是这样的，它与普通的磁铁刚好是相反的。如果按照我们平常说一块磁铁的方式，我们应该说北磁极在南极附近，南磁极在北极附近，这是不是将你的地理老师搞糊涂了？

造成混乱的原因是，一个指南针的北极因为指向北磁极（实际是地理的南方）才被叫作北极。你是不是还晕着呢？你以后还会继续晕的。

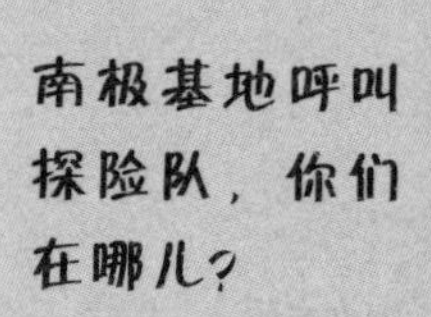

5. 磁极的方向在过去的4 600 000 000年间颠倒了300次（不要问我为什么和下一次什么时候发生。没有人知道的）。这种情况发生时，指南针会指南而不是北。如果正好赶上你们学校组织郊游活动，你肯定会迷路的。你的老师肯定的会很生气！

谈到探险，你是不是想有这么个假期？

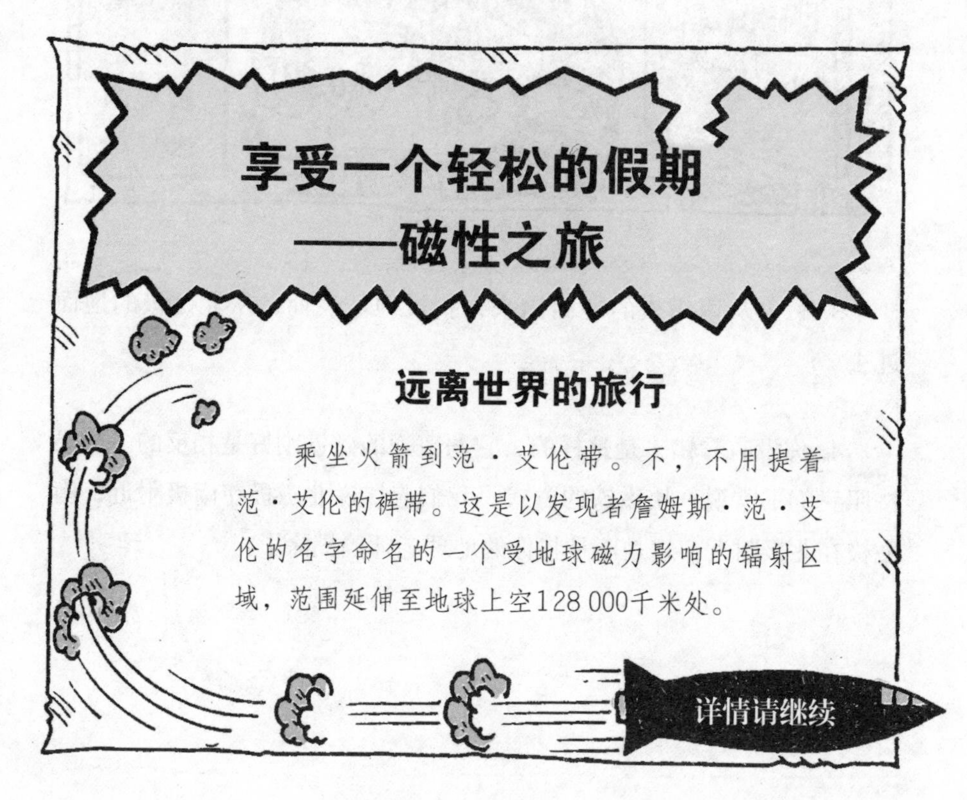

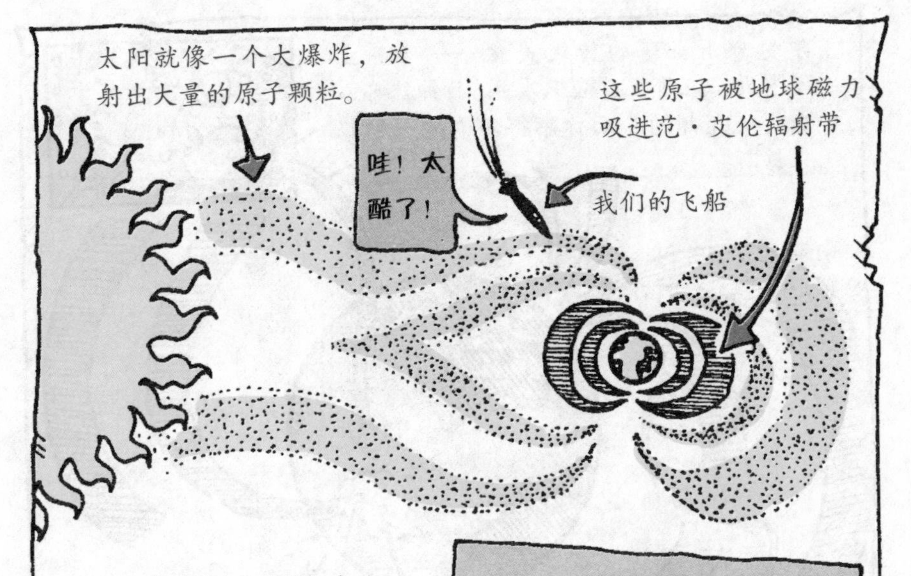

这些原子与地球大气层上层的原子相互碰撞，发出小的光点（光子），产生彩色的光。这些光被称作南极光和北极光，因为你只能在南极和北极看到。

小贴士

有的时候，太阳释放出过多的电子，在范·艾伦辐射带掀起巨大的电磁波，这也会增加地球的磁力。如果我们的金属飞船刚好赶上了其中一个这样的大“波浪”，你可能会患上太空病，或者晕晕糊糊的。

南磁极之旅

这不是实际的南极（从地理的角度说），而是磁力实际出来的地方[澳大利亚探险者道格拉斯·莫森爵士（1882—1958），在1909年第一个到达了那里]。如果你看到指南针的指针疯狂地转，肯定会大惊失色的。

道格拉斯·莫森爵士

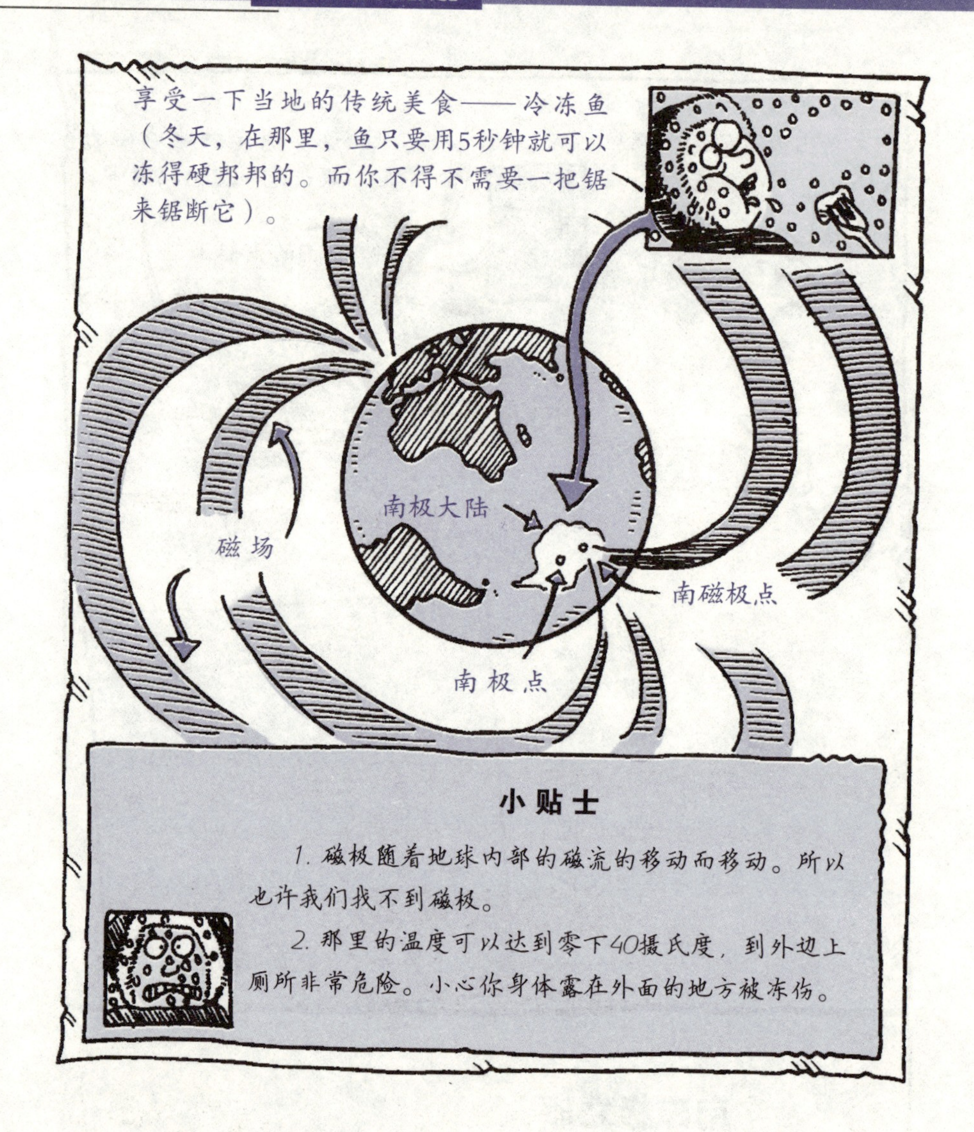

小贴士

1. 磁极随着地球内部的磁流的移动而移动。所以也许我们找不到磁极。

2. 那里的温度可以达到零下40摄氏度，到外边上厕所非常危险。小心你身体露在外面的地方被冻伤。

你能成为一名科学家吗?

1995年，美国科学家罗伯特·比森将磁铁粘在食米鸟（一种生活在北美洲的在秋天飞到东南方向去的小鸟）的脑袋上，然后打开笼子，放它们出去。这些鸟会做什么？

a）什么也不会。它们带磁性的脑袋会粘在鸟笼的金属地板上。

b）它们向大致正确的方向飞，但是稍稍有点偏离。

c）它们向完全错误的方向飞。

答案

c）。科学家认为，鸟的脑子里有一小块磁性物质，作用就像指南针。由于新加的磁铁搅乱了它们的系统，食米鸟彻底迷路了。有些鸟像棕色鹈鹕，在眼球的后面有比较弱的磁性物质，影响了它对光线的反应，使它看不清颜色，同时，令它将磁极的北方看作一个残留影像似的光点。

你肯定不知道！

你可以通过消除磁铁的磁性来将其“杀死”，科学家用的就是“杀死”这个词。听起来相当恐怖，像可怕的谋杀。如果这是一项罪行，你想知道如何解决吗？

磁铁谋杀案

——天然磁石警官的案件档案

遇害者

由于一些孩子的通风报信，我们搜查了一个科学老师的住处。咖啡杯还是热的，他才走了几分钟。房间里很乱，我觉得那儿真脏。

嫌疑人

磁铁脸朝下，倒在桌子上。

继 续

没有暴力的痕迹，但是在快速地检查了一下之后，我们发现这块磁铁被杀死了——它没有磁性了。我小心翼翼地把它翻过来，注意不弄脏上面的指纹。这块金属摸上去冰凉的。

可能的作案工具：

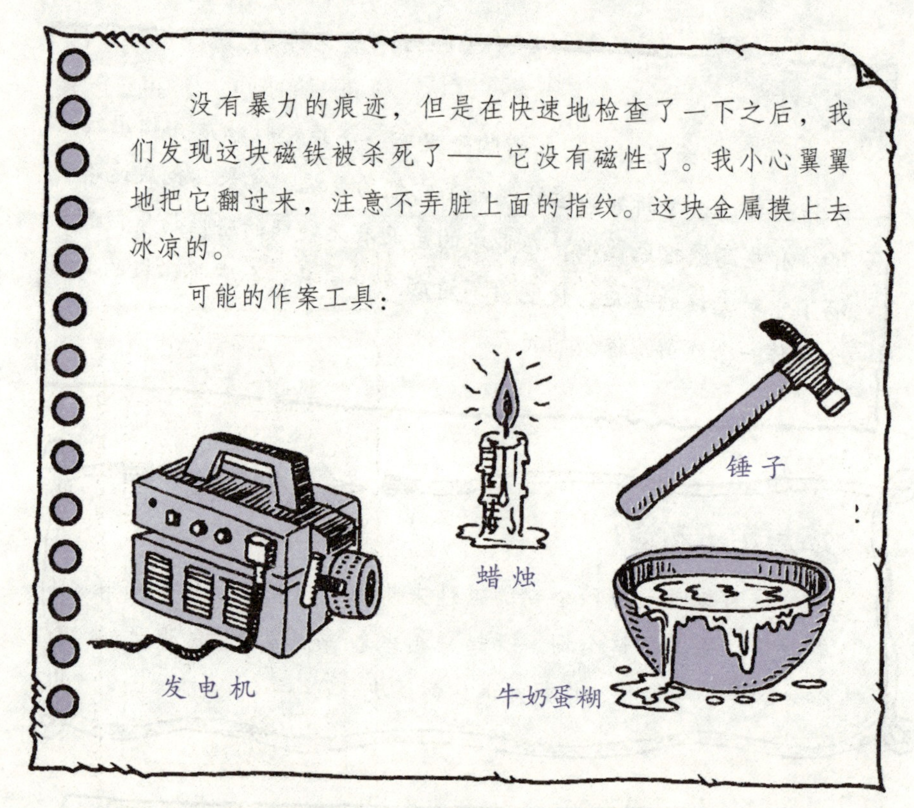

你的任务是查出磁铁是怎么被杀死的。是……

其中一个方法有误导作用，你能找出是哪一个吗？

这里面有3个方法可以使原子重新排列，这样磁力就不会指向单一的方向，磁铁于是失去了力量。再读一读下面的记录，你也许能发现更多的线索。

什么？他们是说没什么了不起吗？不，这是很严重的。你不能杀死磁铁后一走了之，它对我们非常的重要，重要到它制造了这个星球最重要的机器，一台驱动着现代世界的机器。想知道更多吗？

好啊，为什么不一起坐车去下一章呢？

超强的电动机

电动机干净、噪声小、动力强大，默默地推动着从洗衣机到送牛奶的电瓶车等各种机器。只有在它们停止工作或者给主人一次危险的电击时，才会受到注意。但是你知道吗？电动机也是依靠磁力和电才能工作的。

激动之流

在制造出电动机之前，科学家首先要弄清楚电和磁之间的关系。是的，你是知道磁力和电子发出的电力是一回事，但是在那个时候，人们还没有发现电子。1820年，丹麦科学家汉斯·克里斯蒂安·奥斯特（1771—1851）碰巧发现了它们之间的一种关系。

你肯定不知道！

奥斯特的父母很穷，无法养活自己的孩子，于是把他和他的兄弟交给了邻居（你别做白日梦了，你的父母可不会把你送给邻居，所以，继续读这本书吧）。但是他们通过自学成才，后来都进了哥本哈根大学，奥斯特还在那里成为了一名教授。

奥斯特想知道电流是否会对指南针的指针有影响。一天，在一次讲学中，他将一只指南针放在了一根固定的电线的旁边。指南针像是被无形的手推开了似的，奇怪地偏离了原来的方向。

奥斯特不清楚为什么会这样，但是他感觉到他碰到了非常重要的事。

你能成为一名科学家吗？

你一直在读这本书（不像可怜的奥斯特），所以你应该知道是怎么回事。那么，究竟是怎么回事呢？

a）电线发出的电力将指南针的指针吸引过来。

b）电线里的电子释放出来的力将指南针的指针推开。

c）由于静电，指南针的指针在移动。

答案

b）。电也是一种磁力，所以它也叫电磁力。（记得第107页的词吗？）电子发出的力互相排斥，还记得这个吗？这两种力像往常一样互相推搡，于是指南针的指针被推到了一边（如果电线不是固定的，电线也会产生移动）。

电流产生的力可以使磁铁移动，你将会发现，这正是电动机的工作原理。想知道更多吗？

惊人的电档案

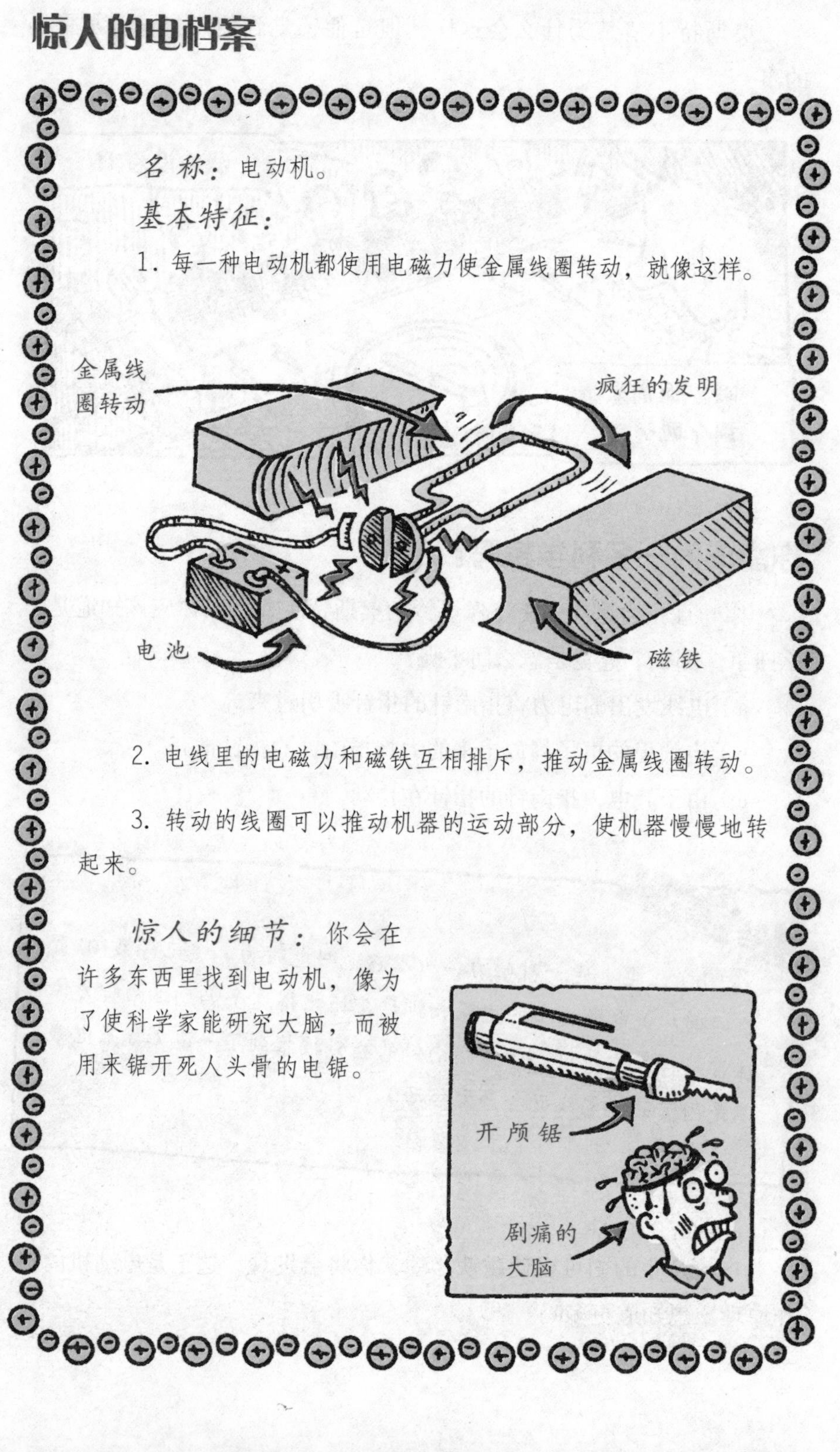

名称：电动机。

基本特征：

1. 每一种电动机都使用电磁力使金属线圈转动，就像这样。

2. 电线里的电磁力和磁铁互相排斥，推动金属线圈转动。

3. 转动的线圈可以推动机器的运动部分，使机器慢慢地转起来。

惊人的细节：你会在许多东西里找到电动机，像为了使科学家能研究大脑，而被用来锯开死人头骨的电锯。

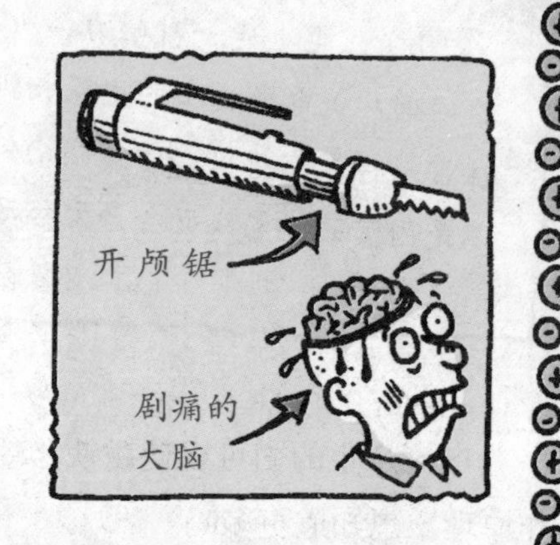

电动机竞赛

将电和磁结合起来生产电动机的竞赛开始了。这个基本的想法是由科学家迈克尔·法拉第（1791—1867）于1821年提出的。为了说明他的想法，他实际做出了这样一台机器，这就是世界上第一台电动机。我们征得了这位伟大的科学家的同意，第一次在《可怕的科学》中请他讲解一下这台机器是如何工作的（真的很奇妙，他已经去世了100多年了）。

死去的大脑：迈克尔·法拉第

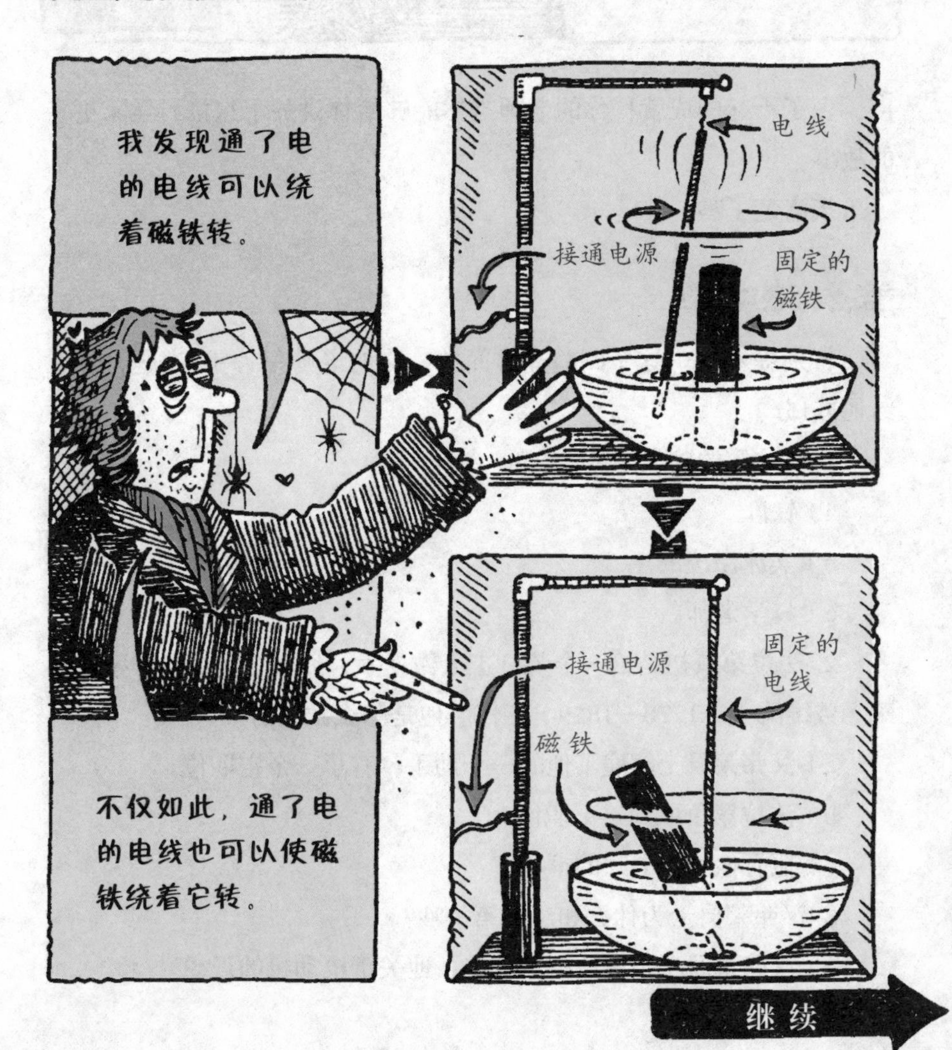

继续

多了不起的成就！你的老师当然能够给你讲关于这位科学家更多的故事。

搞清楚了吗？

考考你的老师

特别提示——这个测验非常简单，你的老师每答错1道题，你就给他减1分。

1. 法拉第的父亲是做什么的？

a）铁匠。

b）卖冰激凌的。

c）科学老师。

2. 法拉第最初是给一个装订工人做助手，后来为著名科学家汉弗莱·戴维爵士（1778—1829）工作。他是怎么做到的？

a）汉弗莱爵士解雇了他的一个助手，有了一个空职位。

b）法拉第争取到这个职位。

c）他有他科学老师的推荐。

3. 汉弗莱爵士为什么和法拉第争吵？

a）汉弗莱爵士指责法拉第窃取了他关于电动机的设想。

b）法拉第借了爵士的钢笔，但是没有还。

c）汉弗莱爵士很嫉妒，因为法拉第是个更好的老师。

4. 法拉第的爱好是什么？

a）工作，特别是进行科学实验。

b）参加社交活动和聚会。

c）给小孩子们讲授科学。

5. 其他科学家根据法拉第的机器制造了许多机器，但是这些机器很难工作。法拉第为此做了些什么？

a）照自己的机器做了些副本，送给他们。

b）给他们写粗暴的信，用大写的“傻瓜”来骂他们。

c）为他们组织特殊培训。

6. 老年的时候，法拉第遇到了什么问题？

a）记忆力差。

b）听觉衰退。

c）他失声了，所以不能再教课了。

7. 财政大臣来到法拉第的实验室，问起电有什么作用时，他是怎么回答的？

所有的答案都是a)，所以很容易给你的老师算分。

1. 法拉第的父亲经常生病，家里很穷。

2. 在听戴维爵士讲课时，法拉第在一本漂亮的、有手绘插图的本子上做笔记，并且交给了戴维爵士。有的时候，好的作业也是起作用的。

3. 汉弗莱博士很嫉妒法拉第，因为法拉第制造的电动机可以工作，而他制造的不行。于是他对人说法拉第是骗子，窃取了他的设想。而法拉第说电动机是他自己的想法，因为他为人诚实，所以没有人相信汉弗莱博士的话。我说诚实是最好的美德时，我可没在说谎。

4. 法拉第没有多少朋友，也没有什么社交活动。但他并不烦恼，他是个天才，他一直高高兴兴的。很明显，你的老师可没有这些理由。如果你的老师选c），你可以给他半分。因为法拉第喜欢在皇家学院教课，他甚至在圣诞节给孩子们讲课。

5. 他就是这样好心的人。

6. 1839年，他得了一次病，他觉得这次病影响了他的头脑，可能是中了他用来做实验的化学品的毒。

7. 1994年，英国政府真的对电征收了增值税。

老师的成绩

-7至0分：你的老师太无知了。命令他们在本学期余下的时间里自己放假去学习。那么，在余下的科学课上，你只好自娱自乐了！

1至3分。刚及格，应该做得更好。

4至7分。检查一下你的老师的抽屉，看看是不是有你现在看的这本书。如果是，你要立即将他的成绩作废。顺便说一下，如果你的老师一直在回答c），他一定是太专注于工作了，需要放长假休息。当然了，真那样的话，你也不得不放假了。

你肯定不知道！

法拉第的电动机所做的工作，其实只是在转圈，并没有实际的用途。你知道第一台有实际用途的电动机是谁制造的吗？是约瑟夫·亨利（1797—1878）在1831年制成的。他也是一位杰出的科学家。他最初是一个钟表匠，后来写话剧，之后才对科学发生了兴趣。他不是一个贪婪的人，他为史密斯索尼亚学院工作了32年，一直拒绝涨工资。

你敢去做一台自己的电动机吗？

需要的物品：

- 一个指南针或一根针
- 一块磁铁
- 一根25厘米长的线
- 一些软糖
- 黏胶带
- 一个1.5伏的电池
- 一片厨房用的锡箔纸：28厘米×6厘米
- 找一个成年人来帮忙（是的，他们有他们的用处）

需要怎么做：

1. 如果你没有指南针，用磁铁敲击针30次。这样针也变成了磁铁。

2. 用一小块软糖将线固定在针（或指南针）的中间，使针水平悬在空中。

3. 将线的另一端用更多的软糖固定在桌面上。

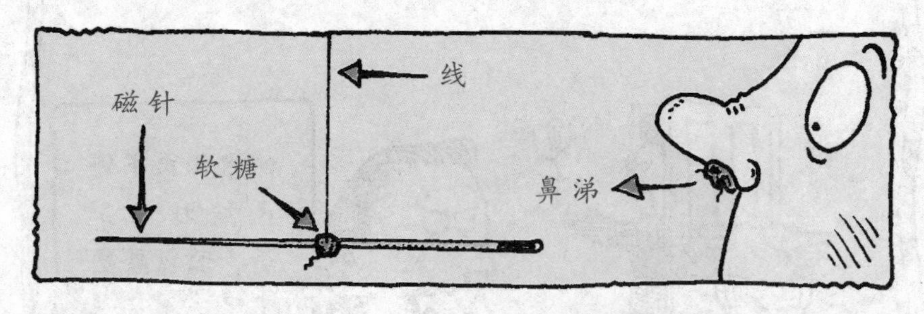

4. 将锡箔纸纵向对折，再对折，确保你撕不坏。

5. 用胶带将锡箔纸的一端粘在电池的正极上，将另一端粘在电池的负极上。这样使电流有一个通畅的回路。

6. 现在有两种办法，一是将电池水平拿好，将锡箔纸圈从指南针的表面套过去；或是用锡箔纸圈围着针上下移动，但是不接触。

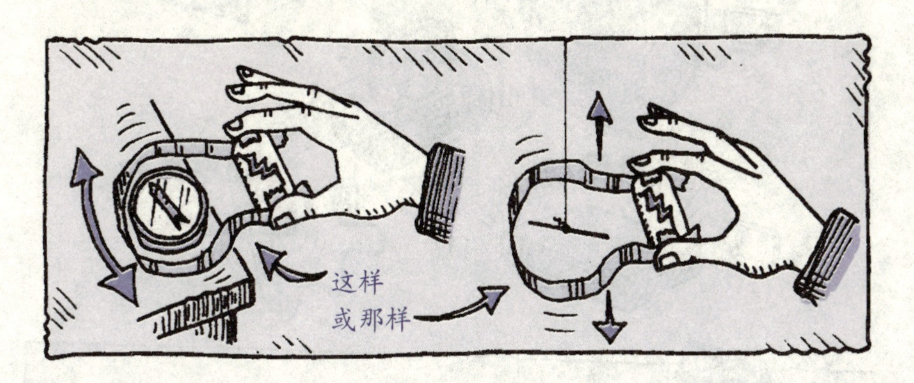

发生了什么？

a）针开始发出奇异的蓝光。

b）针开始转动。

c）针上下跳动。

答案

b）。如果用的是指南针，指南针的指针会来回旋转；如果用的是磁针，针会转动。无论哪种情况，电线产生的磁场和电线一起移动。先是排斥，而后吸引带磁性的针——就像一个真的电动机。

找出电动机

下面的家庭用品哪些有电动机？（不允许把它们拆开来看！）可以给你个提示——如果它有转动的部件，那它就有电动机。

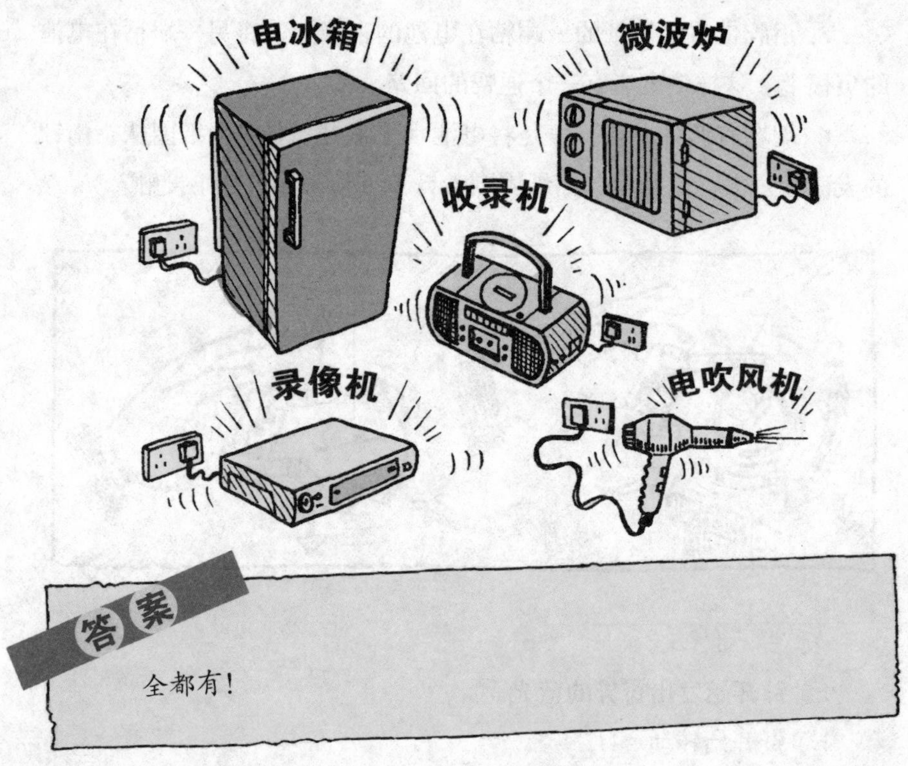

答案

全都有！

看看下面这些：

1. 你有没有想过为什么电冰箱会有嗡嗡的声音？（不是因为它们高兴。）特殊的化学制冷物质从背面的管子里被抽出来，进入冰箱的制冷区域。

2. 在微波炉里面，食物在可旋转的托盘上转动，这个托盘就是由电动机带动的。电动机还带动电扇，将微波反射到食物上。

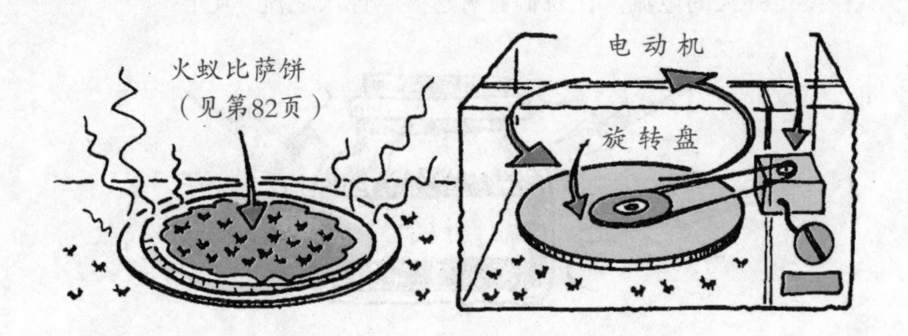

3. CD播放机发出激光，来扫描CD盘片上的微小的凹痕。激光在扫描微小凹痕的时候产生不同的反射光束，CD机将其变成电子脉冲，再由放大器变成声音。明白了吗？如果CD盘不转，激光就扫描不到任何东西。这也是由电动机带动的。

4. 录像机可以通过带磁性的化学物质，将声音和图像记录在录像带上，原理和录音机一样（见第112页）。在制作录像或播放的时候，电动机带动录像带旋转。

5. 吹风机不过就是一个加热线圈，通过电子冲撞产生的摩擦而加热（就像一只灯泡，见第17页）。

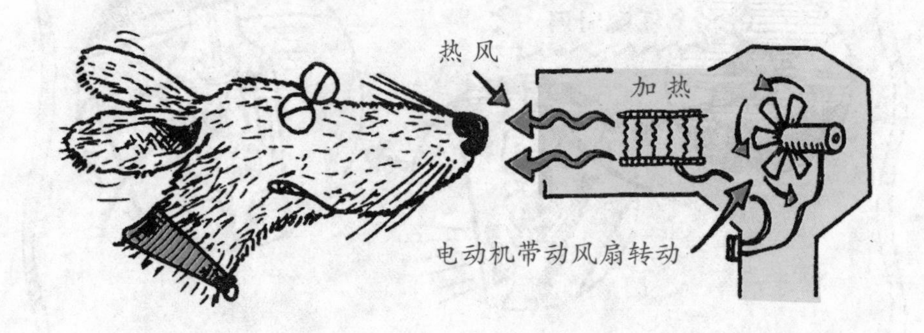

要知道，如果没有电流，电动机就毫无用处。虽然你可以用一个电池和一些电线产生电流，可是要想不论白天黑夜随时有电可用，你就需要更强大的电流。让我们看看这些“惊人之流”吧！

我指的是电流。够神奇的，人们为了找到产生电流的最佳方法，有过争论，也有过牺牲……

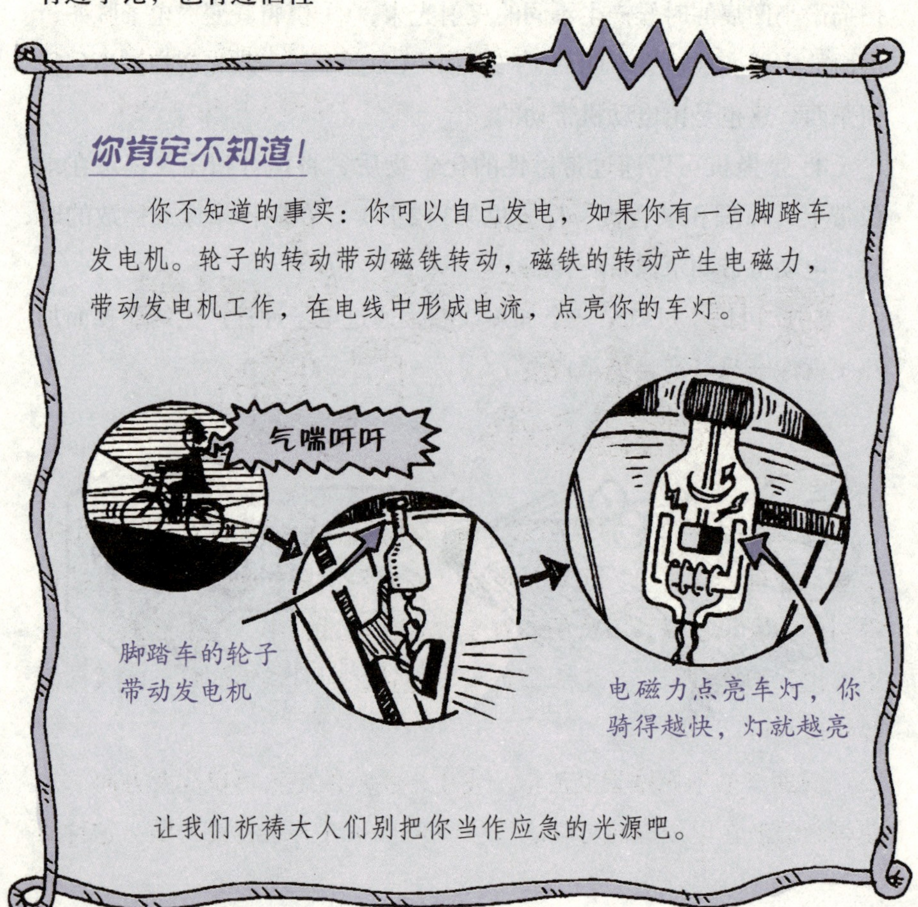

你肯定不知道！

你不知道的事实：你可以自己发电，如果你有一台脚踏车发电机。轮子的转动带动磁铁转动，磁铁的转动产生电磁力，带动发电机工作，在电线中形成电流，点亮你的车灯。

脚踏车的轮子带动发电机

电磁力点亮车灯，你骑得越快，灯就越亮

让我们祈祷大人们别把你当作应急的光源吧。

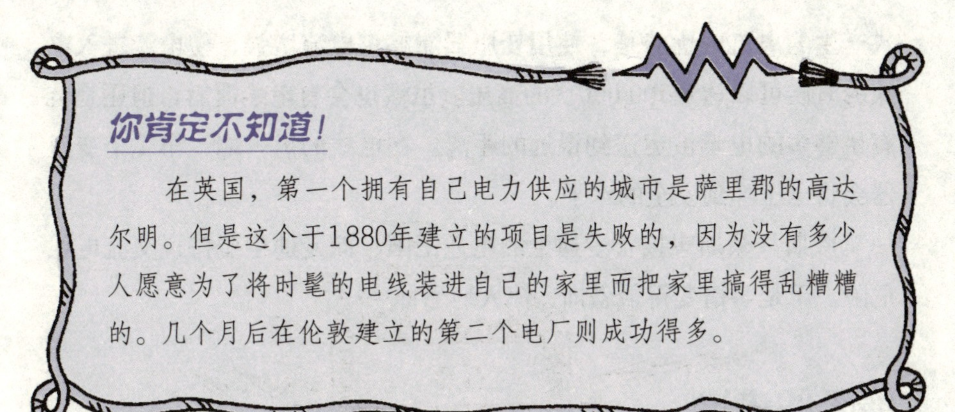

你肯定不知道！

在英国，第一个拥有自己电力供应的城市是萨里郡的高达尔明。但是这个于1880年建立的项目是失败的，因为没有多少人愿意为了将时髦的电线装进自己的家里而把家里搞得乱糟糟的。几个月后在伦敦建立的第二个电厂则成功得多。

大电能，高赌注

很快，发电变成了一个大生意。在19世纪80年代，美国开始使用电的时候，投入还非常得高。领路的是两位渴望成为能源巨头的人，托马斯·爱迪生（1847—1931）和乔治·威斯汀豪斯（1846—1914）。

爱迪生是位富有的发明家，有121家发电厂，几百万美元的电力生意。他推崇直流电，也就是电流从发电厂出来，通过电线，直接输送到你的家里。这种方式的问题是：在传输过程中，电子逐渐从电线里逃出，因此发电厂一定要靠近房屋建造，而且城市的每个区域都需要建造发电厂。

威斯汀豪斯则推崇交流电。发电厂生产的电流可以改变方向，这使得激震波在电线里面可以以每秒钟300 000千米的速度传输。这种形式产生的电流的优势是，使用变压器能够将电流增强，使电流进入电线的时候可以达到500 000伏的高压。虽然也会有电子泄露，但还是会有足够多的电量被运送到很远的距离。在电线的另一端，第二个变压器会将电压降到安全的水平。

威斯汀豪斯想接管爱迪生的电业王国，而爱迪生坚持说交流电很危险。于是事情变得很恐怖，惊人地恐怖……

残酷的电流

纽约新闻

1888年8月

禁止这些骇人的实验

受聘于爱迪生的布朗教授正在组织用娇小可爱的毛绒动物进行可怕的实验，以证明交流电的危害。这些实验包括电

布朗

击狗和猫。当布朗教授被问及他是从哪里弄到这些动物的，他面色变红，说道："它们都是自愿的。"他拒绝说出他是向什么人买的这些动物。

禁止出版

近来有不少宠物猫和狗失踪，而当地孩子们的零钱比以前多了。

纽约新闻

1888年8月

离开人世的电击之路

绞刑近来发生了一些令人尴尬的事故——出现了绳子将人的头拽下来的情况。纽约州政府决定，今后将用电击处决谋杀者。第一个将被处以电刑的人是一个

水果商人，威廉·坎普拉，他被指控杀害了他的女友。

托马斯·爱迪生指出，电刑可以证明交流电是危险的。

威廉·坎普拉（被判电刑前）

禁止出版

当得知交流电将被用来杀人，威斯汀豪斯非常震惊。坎普拉表示他也很震惊，并要求上诉，因为这个刑罚太残酷。我们预料电刑执行时，他会震惊得更厉害。

威廉·坎普拉（被判电刑后）

纽约新闻

1890年8月

死了

坎普拉死了。他的上诉被驳回。托马斯·爱迪生表示，用电刑处死倒是一个不错的办法，因为这种方法时间短，效果好。但是在新型电椅里执行的死刑却进行得糟糕透顶。第一次电击之后，坎普拉还活着，之后又被电击超过了1分钟，有烟和火花从他的身体里冒出来。真让人

触目惊心。一位在场的医生在吓得躲进厕所之前说：“我听说吸烟有害健康，但这也太荒谬了！”

之后发生了什么？

最后，威斯汀豪斯胜利了。高压交流电是将电运送到任意一个地方的唯一办法。1893年，威斯汀豪斯推出了一台强大的电动机，它使用交流电和磁铁，先推动金属线圈的一侧，然后再推动线圈的另一侧。这台机器是由出生于克罗地亚的杰出的发明家尼古拉·特斯拉（1856—1943）设计的。

有的人认为特斯拉是个疯子，因为他老了以后在纽约的住所里孤独地同鸽子谈话。那么，让我们来设想一下，一只鸽子写下了特斯拉的故事。我知道这很不寻常，因为，通常鸽子写的故事应该是讲飞行的。

我所认识的特斯拉。

——鸽子柏西

我愿意相信特斯拉和我是有同种羽毛的鸟，当然他告诉了我他的一生。我告诉你，他可不是笨鸟脑袋。他出生在克罗地亚，他的父亲希望他成为一名教士，而他想当科学家。他说服了父亲让他去上大学。你知道吗？在一次课上，他用电动机将他老师的头发弄得乱糟糟的。他说他能造一台更好的电动机，可没有人相信他。

特斯拉

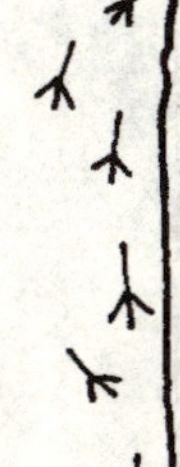

有一次在公园里，他获得了制造电动机的灵感。（那个时候他为什么不喂喂鸽子呢？）他用一根树枝在地上画出了电动机的设计图。第二年，他做出了真的机器，不久他到美国为爱迪生工作。去美国的时候，他带着他的电动机和希望做一架飞行器的计划，口袋里只有4美分。

但是，事情的进展并不好。爱迪生不喜欢任何形式的交流电，而特斯拉的机器恰好是要用交流电的，爱迪生于是对他也没有好感。之后，他被爱迪生的对手威斯汀豪斯聘用。他设计了一个产生高压的新的变压器，威斯汀豪斯将这个变压器推向了市场。

变压器

特斯拉年老以后依然是个奇妙的人。他的实验室里到处是高压交流电发出的巨大的电火花，我想他可能是在寻找灵感的火花吧。

人们说特斯拉越来越怪。可是他说，他和外星人有联系，他想发明一种能够打下飞机的死光。我觉得这很有意义。我的意思是说飞机对高飞的鸽子来说是个威胁。不管怎么样，他是我理想中的伙伴——他慷慨地喂我面包渣，而且，就算我没有对准目标，拉了他一头，他也不会发怒的。

在那个时候，我们老迈的老师还在抱着玩具熊，声音嘶哑地转着圈跑。当时科技的顶峰就是电动机。现在，我们有了各种电器，虽然也是由电动机带动的，但做的工作可不仅仅是转圈。计算数字的机器可以帮你玩很酷的高科技计算机游戏。机器里面充满了各种精彩有趣的电子器件。有的设备则控制电流，让它来做其他有意义的事情。

如果你也想做些有意义的事情，请看下一章。那真的是妙不可言。

妙不可言的电器

电器实际上就是一种在机器里面，通过巧妙的设备和电路，控制电流里的电子做各种各样的工作的东西。

巧妙的电路

什么是电路？电流要流动就肯定得流向某一个地方。电路就是让电流流动的一圈电线，可以连接开关、灯泡和各式各样的电子设备。你现在有机会考一考你老师的电路知识了。

喝茶休息时给老师的难题

你需要一只鸟，不需要是真的，一只玩具鸟就可以。轻轻地敲敲教师休息室的门，门开了，你就笑着问：

为什么鸟可以落在高压线上而不被电死？

答案

这是因为鸟的双脚同时站在同一根电线上，因此没有产生电位差，也就没有产生穿过鸟的身体的流动的电流，所以鸟不会被电死。而如果在接触电线的同时又触及其他的地方，如地面，这样就会在两处之间形成电位差，产生电流，击穿连接物的躯体，造成伤害。

重要的电路训练

为了更多地了解电路，假设有一个独一无二的健身中心，你还记得原子家族的那些精力旺盛的电子宝宝吗？你可以舒服地坐在沙发上看着它们前进。

电子嘶嘶训练营

疯狂的电路

首先，让电子们沿着一系列跑道赛跑，点亮灯泡并接通蜂鸣器。

第一项比赛是沿着串联电路赛跑，仅仅是轻柔的热身。电子们要从电池出发，顺着电线，穿过灯泡，再回到电池。由于许多电子挤在灯泡的线里面，其他的都被堵住了，所以跑不快。

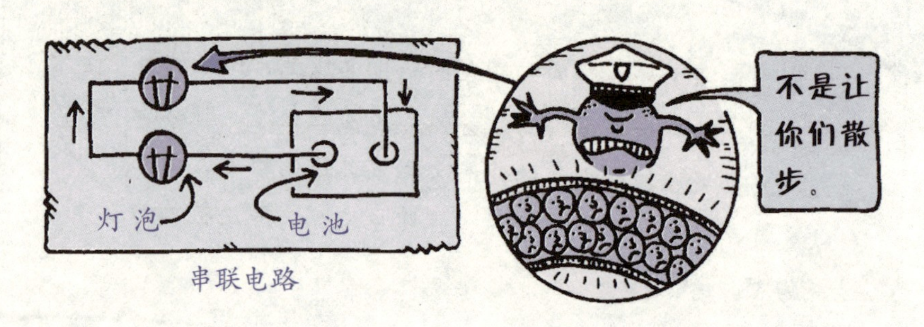

串联电路

第二项比赛是沿着并联电路赛跑，难一点，也快一点。重新调整了一下电线，使每个灯泡有两条分开的线。这样一半电子走一条线，另一半走另一条线，阻碍奔跑的瓶颈消失了，比赛也加快了。

并联电路

超级开关

你准备好做这么个开关了吗？电子们准备好了。在这个考验中，它们必须穿过这个可怕的电开关。这个开关是个金属簧片。当按下开关的时候，金属片压下来，缓缓通过电线的电子也能缓缓通过金属片。但是电子们的动作应该快点，因为当关闭开关的时候，金属片就会弹起来，切断电路，电子们也就被困住了！

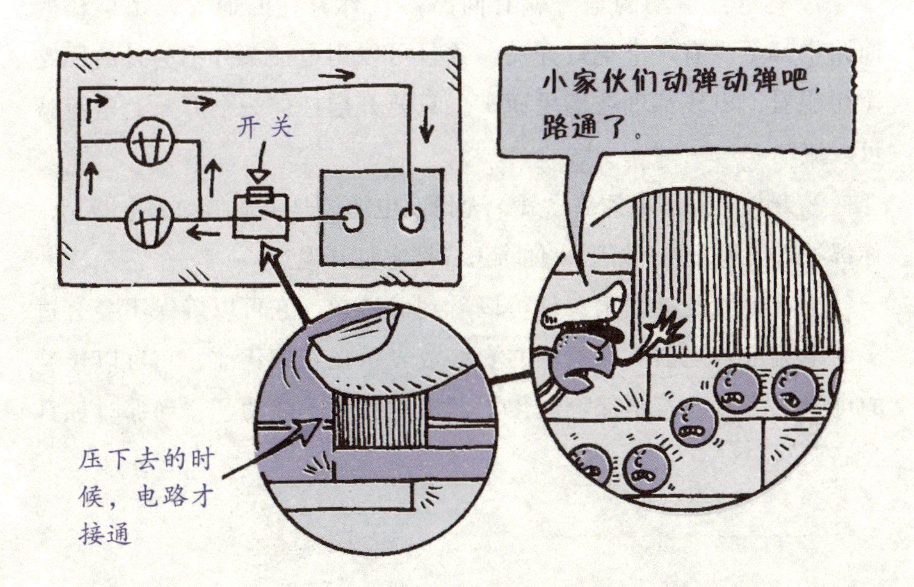

嘶嘶响的保险丝

或者应该叫烧焦了的保险丝。在这种热度下，电子们要穿过一段很狭窄的电线。它们遇到的阻力产生了很大的热量。如果太多的电子通过，电线会熔化的，所以这是个危险的训练。

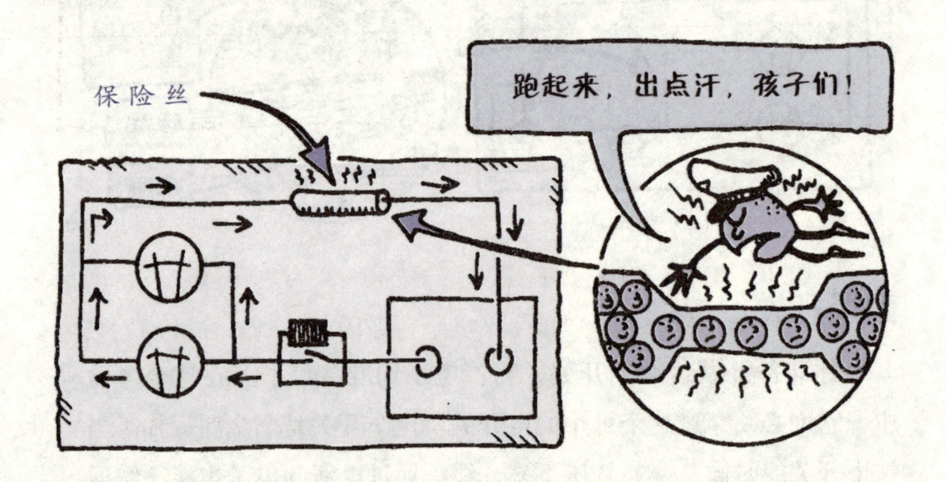

下面是嘶嘶响的事实

1. 有电流流动的地方就有回路。在你家住的地方，每层楼的回路中都至少有一个电灯开关，并且可以用电插头分出另外的回路（想想看，电线都埋在墙里面）。只要开启任何一个开关，电流就可以流动。

2. 开关。除了电插头之外，无论在电源还是电池带动的电器上，你都可以找到开关。好吧，你将怎样把它打开呢？

3. 在保险丝插盒里，你可以看到保险丝，它可以确保不会有过多的电流进入电器。保险丝的安培数表示在它熔化前，它可以接受的电量。当然，若是保险丝化了，机器也就不能动了，到那时你真会恼火的。

可怕的健康警告

这就是为什么只用一个插座带动你的收音机、电视机和CD播放机是不好的。这些机器使用太多的电，可能会烧毁保险丝的。

超级半导体

自1950年以来，由于贝尔实验室的威廉·萧克利（1910—1989）带领的一组科学家发明了半导体，电子行业因此得到革命性的发展。半导体和半独立的房屋，分号以及半圆形可不是一回事。实际上，它是两片硅，你可以把它想象成一片面包上的一片多孔的瑞士奶酪。

电子很高兴能够从面包爬进奶酪，但是它们爬不出来了。这样你就可以用半导体控制电子的流动方向。它们还可以用来从太阳光中获取能量。

惊人的电档案

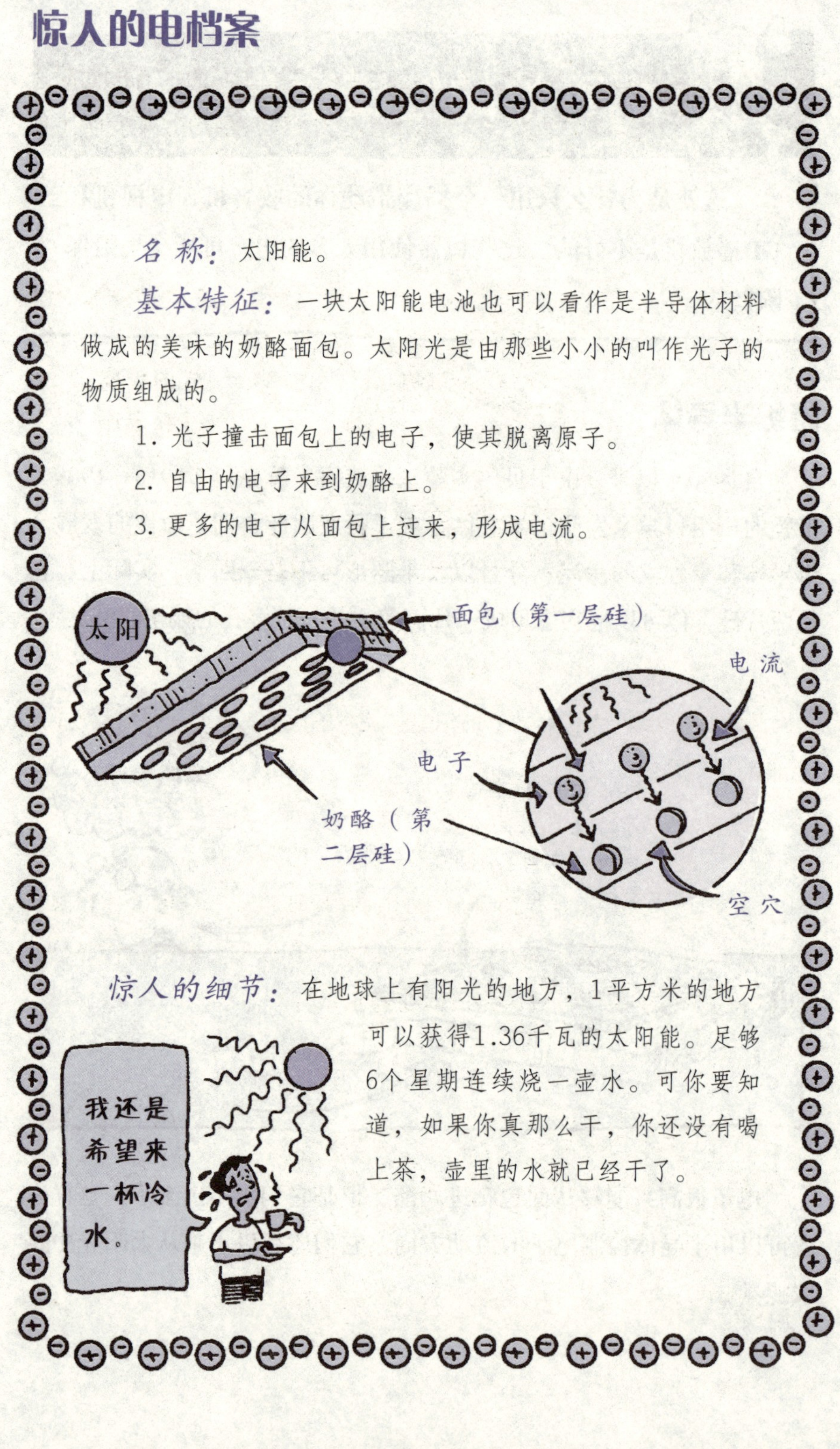

名称： 太阳能。

基本特征： 一块太阳能电池也可以看作是半导体材料做成的美味的奶酪面包。太阳光是由那些小小的叫作光子的物质组成的。

1. 光子撞击面包上的电子，使其脱离原子。
2. 自由的电子来到奶酪上。
3. 更多的电子从面包上过来，形成电流。

惊人的细节： 在地球上有阳光的地方，1平方米的地方可以获得1.36千瓦的太阳能。足够6个星期连续烧一壶水。可你要知道，如果你真那么干，你还没有喝上茶，壶里的水就已经干了。

超级太阳能

在使用太阳能的例子里，有为航天飞机提供能源的，有推动时速达到112千米的实验汽车的……美国发明家达利还在1967年发明了使用太阳能的帽子。它利用太阳能带动帽子里的电风扇转动，使戴帽者的头凉快下来。

很遗憾，这个发明被证明是失败的。我想可能是由于它没有产生足够的风吧。

我们再回到半导体——你知道嘛，如果没有它们，计算机就不能工作。

超级硅片

这和法国薯条没有任何关系。这种硅片是一种半导体，在计算机和许多其他的设备里面都有。在它的表面，有成千上万被称作晶体管的小开关。每个晶体管就像路口的交通指示灯。

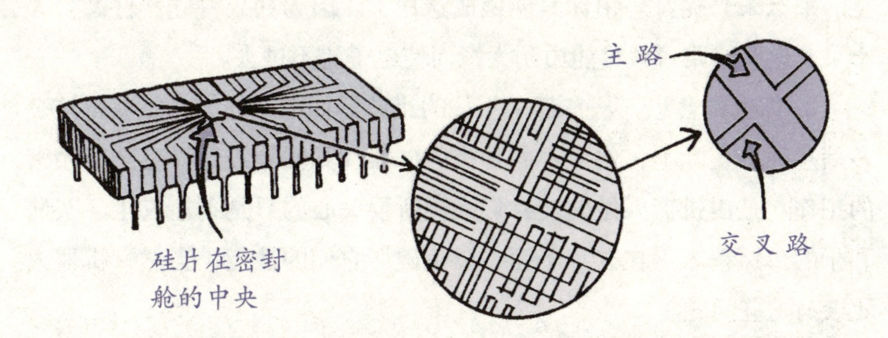

如果电流流向交叉路，电子只能沿着主路走。通过飞快地接通或截断岔路上的电流，晶体管在主路上会产生一次性的电子脉冲流，再形成基本的计算机信号。

硅的秘密

1. 硅片是由硅做的。（你是不是已经知道了？）这种元素是在沙子里发现的。是的，这是千真万确的。你计算机里的某个东西有可能曾在某个海滩上游荡过。

2. 硅器件的体积在不断缩小。20世纪60年代末，最小的硅器件有200 000个原子宽，到20世纪70年代末，有10 000个原子宽，而到了20世纪80年代末，体积又缩小了10倍。不过最终完工的硅器件却像一座大城市一样复杂。

难以置信的是，现在有可能将硅器件做成只有几十个原子那么宽。那么未来呢？恐怕你只能做成这样了。因为如果将硅器件做得太小了，电路的路口就可能由于太窄而使电子流不过去。

3. 你也许会想，从拿都拿不住的小硅器件中，你怎么能获得这么多信息呢？实际上，集成不同种类的硅器件和铝导线这样乏味又精密的工作，是由机器人做的。我们人类所要关心的只是不让灰尘、头屑和干的鼻涕粉末落在硅片上面，以免破坏它们的性能（当然，机器人不会有这些问题）。

4. 现在，不仅仅是计算机，你可以在许多机器里发现硅片。你会发现硅片控制着录像机、游戏机、安迪·曼的移动电话，甚至是能走、说话、撒尿的电动娃娃。几乎所有的东西里都有硅片。

从泰利斯用毛皮摩擦琥珀到最近1分钟生产出来的硅片，已经有了2600年的间隔。虽然时间漫长，但是科学技术的飞跃还是非常惊人的。科学技术的浪潮将把我们带到什么地方？我们将走向电子仙境，还是退回黑暗的时代？又有什么样的冲击在等待着我们呢？

你最好读下去，来看看——

尾声——超乎想象的未来

在电被发现之前，生活是艰难寒冷的，不舒适，而且节奏缓慢。现在进入到电气时代，涌现出许许多多的新奇想法。

有的想法激动人心，有的想法意义重大，而有的想法则相当愚蠢。你认为哪些是有根据的？哪些又会像太阳能帽子和摇晃厕所椅一样消失呢？在未来，人们又会设想出什么呢？让我们打开电视机……

来自IBM的研究人员发明了一种计算机屏幕，提供的图像可以与最好的电视机相媲美。它像一台计算器的显示屏一样工作，使用液晶板，当电流通过的时候发光。

屏幕的像素不低于550万，由1570万只晶体管推动，配线4.21千米。

那算不了什么！一位英国的大学教授在自己的手臂上安装了一台硅片控制器。使他在远处就可以开关灯和计算机。

你终于可以放松一下，不用去管电视机了。这台灵巧的仪器可以使台式计算机变成电视机和录像机，具有全套的录像编辑功能。

除了新的机器，科学家还在进行长期的研究，也许会发现新的技术和发明更多新的机器。未来会是什么样的呢？我们让机器猫去看看神秘的装满牛奶的碗（它看不了水晶球）。它看到了……

未知的生命

1952年，芝加哥大学的斯坦利·米勒在混合气体中释放出了电火花。他是想复制出几亿年前，闪电对混合气体产生过的效果。他的实验产生了一个令人瞩目的结果——混合气体中产生了氨基酸——复杂的生命物质。科学家现在还在研究闪电中的哪一种电可能给地球带来过生命。

预言1：科学家在试管里，用电和化学物质制造出了新的生命形式。

未来能源

世界各地的科学家正在研究用潮汐发电。虽然他们的方法各异，但他们的基本出发点都是让水冲过狭窄的水道，以推动涡轮机。另外一些科学家考虑在南非的沙漠上建造巨大的烟囱。受炎热的太阳的烘烤产生的热空气会在烟囱里上升，推动发电机发电。

预言2：以上的这些想法有一个会变成现实，以后将可以不再需要消耗任何会造成污染和不可再生的能源来发电了，而且是永远……

冷的能源

1911年，荷兰科学家海克·卡默林·昂尼斯（1853—1926）发现，在非常低的温度条件下，比如说零下273摄氏度，金属，例如温度计里的水银，可以变成超导体，它们对电没有任何阻碍，这难道不奇妙吗？1957年，美国科学家约翰·巴丁（1908—1991）率领的研究小组发现，超导体的原子在温度很低的情况下晃动减少，可以使电子游动，而不是相互撞击。

预言3：科学家发明出在室温情况下，让电轻松通过的物质。这样，电子机器几乎不需要多少能量就可以运行了。

尽管未来光明，多数人还是觉得电是神秘的。希望读完这本书，你不会再是他们中的一员。现在，大多数人都已经认识到，电是极其有用的，同时又是非常危险的。当然，电还不仅仅只限于这些。

电是了不起的，无论是它的能量，还是数不清的用途。更奇妙的是，这种不可思议的能量竟然来自于微小的物质——电子和原子。就是这些电子和原子帮助鸽鹏找到了回家的路，使你的心怦怦直跳，并且创造了宇宙中所有的物质，包括你。

这些可都是惊人的实话哦！

疯狂测试

触电惊魂

现在就来测试一下你是否了解电。

电脉冲无处不在。在地面上，在云层里，甚至在你们恐怖的科学老师那里。如果没有电，也就没有电灯、电视机、电脑……下面就来做做这些疯狂测试，看看你是否真正了解这种致命的力量……

令人惊奇的电子

如果你已经被本书完全启发，那么你现在知道电是由电子组成的。然而，对于这些强大的粒子和它们令人惊异的效应，你又真正了解些什么呢？

1. 电子的电性是？

a) 正

b) 负

c) 危险的

2. 当电子失去能量、速度降低时，它所发出的粒子叫什么？

a) 中子

b) 质子

c) 光子

3. 什么是静电？

a) 当电子完全静止不动时的一种电的形式

b) 当电子从一个物体转移到另一个物体，并改变彼此电性时的一种电的形式

c) 一种通过显微镜看起来很模糊的电的形式

4. 你如何重新组合磁铁里的原子使它不再有磁性?

a) 高温下油煎

b) 浸渍在盐水中

c) 用锯锯成两半

5. 电池是如何产生电流的?

a) 通过去掉金属壳上的所有正电荷

b) 通过混合两种化学物质

c) 将许多小磁铁挤压在一起

6. 当你握住一个带电的物体时会发生什么?

a) 你的肌肉将收缩在一起,所以你将不能甩掉它,然后你就很可能痛苦地死去

b) 它将干扰心脏的电脉冲,然后你就很可能痛苦地死去

c) 电将烤焦你的大脑,你肯定会死得很惨

7. 雷阵雨天,什么地方是安全的?

a) 汽车里

b) 树下

c) 伞下

8. 电子能以多快的速度移动?

a) 声速

b) 马的速度

c) 光速

1. b）； 2. c）； 3. b）； 4. a）； 5. b）； 6. a）； 7. a）；8. c）。

可怕的电

电一直在我们周围（也在我们体内）运转，可科学家们用了很长一段时间才开始认识它，而在这过程中，他们也犯了一些荒谬的错误。下面是一些关于电的可笑的描述，你能指出这些奇异的现象是真是假吗？

1. 电从正极流向负极。

2. 放屁的时候能产生电。

3. 鲨鱼和蜜蜂之类的动物能感受到人体内的生物电脉冲。

4. 电总是沿着最快的路径到达地面。

5. 电能沿着金属导线传导。

6. 电击并不总是有害的，当心脏停止跳动的时候，它能用来刺激心脏重新跳动。

7. 地球是个巨大磁体。

8. 人体含有足够的电以至于能点亮一棵圣诞树上的灯。

答案

1. 错。正好相反。（虽然聪明的本杰明·富兰克林也犯了同样的错误……）

2. 对。屁里含有甲烷，这能用于发电。

3. 对。而且这能激怒它们。

4. 对。

5. 错。哈哈。刁难人的问题。事实上，电沿着导线周围的区域传导。

6. 对。医生用一种叫作除颤器的仪器来将电传到心脏以使其重新跳动。

7. 对。地核周围有大量的熔化了的金属物质，这些物质产生了电磁力。

8. 对。但不用担心。要不是这些生物电，你早就没命了。

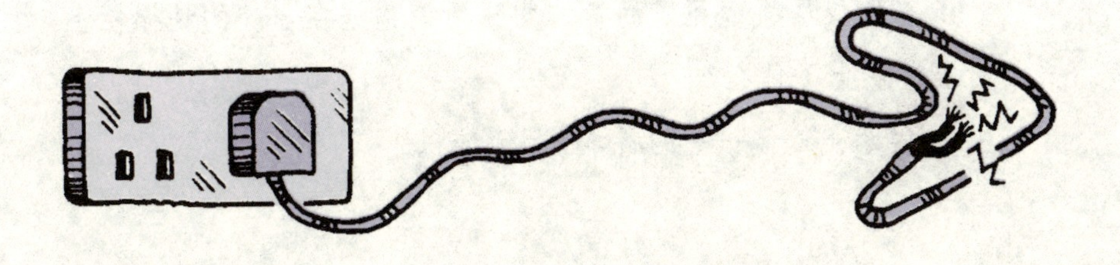

奇怪的科学家

有各种各样的科学家，可那些帮助我们了解电的可笑的科学家却是一群最奇怪的人。关于电的实验是异常危险的，而这些古怪的科学家中有一些人却拿生命作赌注。通过下面这些测试，你将亲自了解到这些……

1. 疯狂的本杰明·富兰克林在他那最著名的实验里探寻了哪种自然力量?

提示：这种力量使人“振聋发聩”。

2. 约翰·约瑟夫·汤姆逊在他的阴极电子管实验里用什么偏转电子束?

提示：这是个吸引人的实验。

3. 米莱特斯的古希腊人泰利斯用何种电来做实验?

提示：这种电使人“毛骨悚然”。

4. 罗伯特·范·德·格拉夫有什么非同寻常的发明?

提示：在那时候，它引起了人们的兴趣。

5. 当伽伐尼将他死了的青蛙的腿用铜钩挂在窗外的铁栅栏上的时候，发生了什么?

提示：这傻乎乎的科学家跳了起来!

6. 亚历山德罗·伏打发现什么是在两块金属间传导电流最好的物质？

提示：令人惊讶的水！

7. 当威廉·吉尔伯特在捣鼓他的指南针的时候，发现了关于磁的什么秘密？

提示：虽然他有这个发现，但他还是很脚踏实地。

8. 疯狂的迈克尔·法拉第发明了哪种伟大的机器？

提示：他是被引导而发明它的。

1. 闪电
2. 磁铁
3. 静电
4. 发电机
5. 青蛙的腿就像还活着一样地跳
6. 盐水
7. 地球是个磁体
8. 电动机

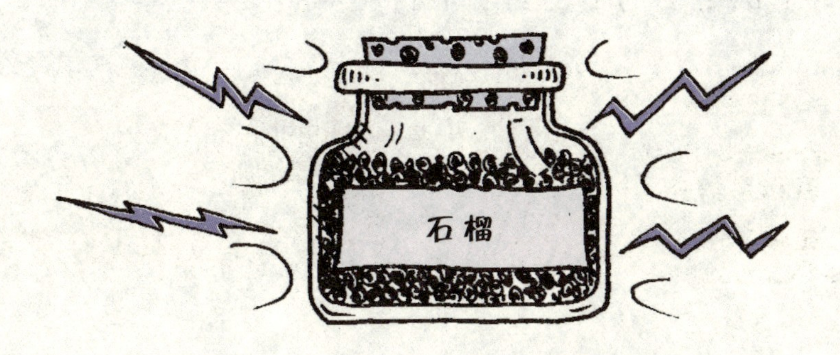

神秘的测量方法

有许多测量电的方法，并且大部分测量的单位都是以发现它们的奇怪的科学家的名字命名的。你已经在本书中遇到过他们中的一些人，因此现在就来试试你是否能将这些令人迷惑的测量单位和它们的意义联系起来。

1. 安培
2. 伏特
3. 瓦特
4. 欧姆
5. 库仑

a) 电阻的单位

b) 电流

c) 电压

d) 电荷

e) 电功率

1. b)；2. c)；3. e)；4. a)；5. d)。

“经典科学”系列（26册）

肚子里的恶心事儿
丑陋的虫子
显微镜下的怪物
动物惊奇
植物的咒语
臭屁的大脑
神奇的肢体碎片
身体使用手册
杀人疾病全记录
进化之谜
时间揭秘
触电惊魂
力的惊险故事
声音的魔力
神秘莫测的光
能量怪物
化学也疯狂
受苦受难的科学家
改变世界的科学实验
魔鬼头脑训练营
“末日”来临
鏖战飞行
目瞪口呆话发明
动物的狩猎绝招
恐怖的实验
致命毒药

“经典数学”系列（12册）

要命的数学
特别要命的数学
绝望的分数
你真的会＋－×÷吗
数字——破解万物的钥匙
逃不出的怪圈——圆和其他图形
寻找你的幸运星——概率的秘密
测来测去——长度、面积和体积
数学头脑训练营
玩转几何
代数任我行
超级公式

“科学新知”系列（17册）

破案术大全
墓室里的秘密
密码全攻略
外星人的疯狂旅行
魔术全揭秘
超级建筑
超能电脑
电影特技魔法秀
街上流行机器人
美妙的电影
我为音乐狂
巧克力秘闻
神奇的互联网
太空旅行记
消逝的恐龙
艺术家的魔法秀
不为人知的奥运故事

“自然探秘”系列（12册）

惊险南北极
地震了！快跑！
发威的火山
愤怒的河流
绝顶探险
杀人风暴
死亡沙漠
无情的海洋
雨林深处
勇敢者大冒险
鬼怪之湖
荒野之岛

“体验课堂”系列（4册）

体验丛林
体验沙漠
体验鲨鱼
体验宇宙

“中国特辑”系列（1册）

谁来拯救地球